冻土观测

宋树礼　编著

内容简介

本书根据冻土观测业务进展，较全面地介绍了冻土的成因、自动观测指标、人工与自动观测设备结构与原理。全书共分 7 章，第 1 章是冻土的定义和观测方式，第 2 章是冻土自动观测指标要求，第 3 章是仪器的结构与原理，第 4 章是仪器的维护维修方法，第 5 章是冻土自动观测数据文件格式，第 6 章是冻土平行观测，第 7 章是要素编码与数据格式。书后还有 3 个附录。

本书是对冻土观测知识的全面汇总与整编，可作为相关人员的业务参考工具书使用。

图书在版编目（CIP）数据

冻土观测 / 宋树礼编著. -- 北京 : 气象出版社, 2023.9
ISBN 978-7-5029-8050-4

Ⅰ. ①冻… Ⅱ. ①宋… Ⅲ. ①冻土—观测 Ⅳ. ①P642.14

中国国家版本馆CIP数据核字(2023)第182568号

Dongtu Guance

冻土观测

宋树礼 **编著**

出版发行：气象出版社
地　　址：北京市海淀区中关村南大街 46 号　　**邮政编码**：100081
电　　话：010-68407112(总编室)　010-68408042(发行部)
网　　址：http://www.qxcbs.com　　**E-mail**：qxcbs@cma.gov.cn
责任编辑：张锐锐　郝　汉　　**终　　审**：张　斌
责任校对：张硕杰　　**责任技编**：赵相宁
封面设计：艺点设计
印　　刷：北京建宏印刷有限公司
开　　本：710 mm×1000 mm　1/16　　**印　　张**：6.5
字　　数：124 千字
版　　次：2023 年 9 月第 1 版　　**印　　次**：2023 年 9 月第 1 次印刷
定　　价：59.00 元

《冻 土 观 测》

编审委员会

主　　任　房岩松

副 主 任　刘　钧

委　　员　张　宇　杨晓武　安忠亮　宋传经
　　　　　　黄　磊

编写委员会

主　　编　宋树礼

副 主 编　陈冬冬

参编人员（按姓氏笔画排序）

丁　明　于富荣　万克利　王建花
刘卫华　刘志刚　刘春辉　许经华
严家德　李　玲　李　斌　李　鹏
李吉洲　李金莲　李勋会　吴建宾
宋中玲　陈为超　胡树贞　姚　远
栗　焱　高旭宾　高雅洁　黄子芹
梁星星　韩广鲁　韩立光　翟龙升
潘艳秋

前言

连续、自动的冻土观测数据能客观地反映季节性冻土维持时间和冻结层深度，进而表征土壤含水量的高低，对越冬作物产量评估具有重要价值；对国家大型土木工程的规划实施、环境评价、生态预测、拓宽气象服务预警领域提供重要参考；对气候变化研究、农业生产服务、建筑工程设计等具有重要的意义。20世纪40年代末，我国开始现代冻土研究，50年代中期，我国开始布设冻土人工观测站网，经过多年的建设与发展，截至2021年底，我国冻土人工观测站点达到1172个，形成了覆盖全国所有冻土地区的人工观测站网。我国冻土人工观测主要采用TB1-1型冻土器，与国外达尼林式冻土器观测原理相同。

《综合气象观测系统发展规划(2014—2020年)》要求，建设地面气象自动观测系统，并要发展地面观测新技术、新方法。2018年，中国气象局提出冻土自动观测的整体规划，适应地面自动化业务发展；2019年，综合气象观测自动化专项提出，在稳步推进综合气象观测自动化进程、开展地面观测台站自动化工作的同时，大力推进新装备试验，点面结合、多层次同步推动新时代气象观测现代化向更高质量发展。同年，在山东、河南、辽宁等省开展冻土自动观测实验；2020年，全国共有5个型号的冻土自动观测仪获得了中国气象局的装备许可证。截至2022年底，在全国24个省(区、市)共建设了1171个冻土自动观测站，形成了冻土自动观测站网。

为了进一步规范和完善冻土观测业务管理，中国气象局组织相关专家，开展《冻土自动观测仪》《电阻式冻土自动观测仪传感器性能核查方法》等行业标准的编制，逐步形成较为完善的业务规范体系。

山东省气象局业务人员骨干参与了中国气象局《冻土自动观测仪功能规格需求书》《冻土自动观测仪建设技术方案》《冻土平行观测业务技术规定》《地面气象自动观测规范》等编写工作，承担了ISOS软件(地面综合观测业务软件)功能对接等任务，为了使冻土观测相关业务人员切实掌握冻土观测设备的结构和原理、熟练掌握观测方法、正确操作设备和业务软件、提升理论水平和动手能力，山东省气象局和华云升达(北京)气象科技有限责任公司联合编写了本书。

在本书的编写过程中,得到了中国气象局综合观测司和气象探测中心相关领导的大力支持,在此特表示诚挚的谢意!

由于编者水平有限,书中难免存在不当之处,敬请读者批评指正。

作　者

2022 年 12 月

目　录

第1章　冻土的定义和观测方式

1.1　概　　述

1.1.1　土壤冻结的成因

土壤的冻结与土壤的质地（壤土、黏土、沙土等）、成分（土、沙、石等杂质含量）、密度、含盐率、含水率、温度等多种自然因素紧密相关，地域不同则冻土的生成、消融时机和进度、速度必不会相同。

1.1.2　土壤冻结的本质

土壤的冻结过程是一种热物理现象，其冻融相态转换过程中保持了水冻融过程的主要特征，水的冻融规律是对土壤综合因素所赋予的热传导作用的真实反映。

土壤冻结的本质是含有水分土壤的水发生了冻结。土壤中不含水分，则冻结现象不能够发生。

1.1.3　冻土定义

冻土是指含有水分的土壤因温度下降到 0 ℃或以下而呈冻结的状态。

冻土一般可分为短时冻土（数小时、数日以至半月）、季节冻土（半月至数月）以及多年冻土（又称永久冻土，指的是持续两年或两年以上的冻结不融化的土层）。

冻土是表征当地气象状况和气候特点的气象要素之一，是国务院气象主管机构统一布局的观测项目。

1.1.4　观测要素和单位

冻土观测包括土壤冻结层次和冻结深度。

冻结层次以层数（层）为单位，取整数。

冻结深度以厘米（cm）为单位，取整数，小数四舍五入。

1.2　冻土人工观测

我国在 20 世纪 40 年代末开展了现代冻土研究，20 世纪 50 年代中期开展了冻土人工观测。

1.2.1　观测原理

我国冻土人工观测主要采用 TB1-1 型冻土器。该设备与国外达尼林式冻土器观测原理相同，与注水软胶管做感应器的结构相同，都是以人工从外部探查软胶管的软硬程度判定土壤的冻结深度。

承担冻土观测的气象站，在进行人工观测时，根据埋入土中的冻土器内水结冰的部位和长度，来测定冻结层次及其上限和下限深度。

1.2.2　冻土器结构

冻土器由外套管和内管组成。外套管为一根标有 0 cm 刻度线的硬橡胶管；内管为一根有厘米刻度的橡皮管(管内有固定冰用的链子或铜丝、线绳)，底端封闭，顶端与短金属管、木棒及铁盖相连。内管中灌注当地干净的水(河水、井水、自来水等)至 0 cm 刻度线处，如图 1.1 所示。

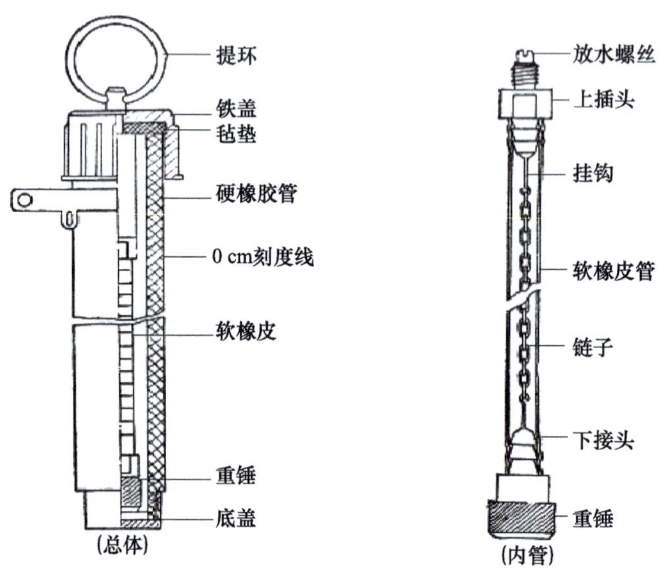

图 1.1　冻土器结构图

1.2.3　冻土器安装

气象站须根据当地可能出现的最大冻土深度，采用长度规格适宜的冻土器。

冻土器应安装在观测场内有自然覆盖物的地段。有直管地温表的气象站，可安装在直管地温场中 320 cm 深层地温表的西边，相距约 50 cm。外套管和内管的 0 cm 刻度线要平齐，并与地表在同一水平面上。

冻土器安装不规范的表现主要是内管 0 cm 高度位置与地表面不平齐，会导致冻土器观测到的冻土深度数据失真，具体表现如下。

(1)0 cm 刻度线高于地表面

冻土器内管 0 cm 刻度线高于地表面时，观测到的冻结深度存在偏大的系统误差，并造成近地表温度向内管过度传递。

(2)0 cm 刻度线低于地表面

冻土器内管 0 cm 刻度线低于地表面时，观测到的冻结深度存在偏小的系统误差，由于 0 cm 刻度线处于地表面之下，会造成相应深度冻土层的失测、缺测。

1.2.4　观测方法

当地面温度降到 0 ℃或以下，土壤开始冻结时，应在每日 08 时观测一次冻土，直至次年土壤完全解冻为止。

观测时，一只手将冻土器的铁盖连同内管提起，另一只手摸测内管冰(包括冻结得不够坚实的冰柱)所在位置，从管壁刻度线上读出冰柱上、下两端的相应刻度数，即为这一冻结层的上、下限深度值，记入观测簿冻土深度栏。冻土深度观测完毕后，即将内管重新插入，并盖好盖子，如图 1.2 所示。

当有两个或以上冻结层时，应分别测定每个冻结层的上、下限深度，并按由下至上的顺序，依次记入观测簿冻土深度栏。冻土深度不足 0.5 cm 时，上、下限均记“0”。

当测到两个冻结层时，如上面一段冰柱在 0～7 cm(数据的阈值为左不包含右包含，下同)，下面一段冰柱在 20～150 cm，则第一栏记下面一段冰柱的测定值，上限深度记“20”，下限深度记“150”；第二栏记上面一段冰柱的测定值，上限深度记“0”，下限深度记“7”。

当冻结层的下限深度超出最大刻度范围时，应记录最大刻度数字，并在数字前加记“>”符号，如“>×××”。待冻土期结束后，应换用更长规格的冻土器观测。

观测操作力求迅速，尽量避免内管弯折。遇结冰不够坚实或气温较高时，尤须小心，尽量避免冰柱滑动或消融。

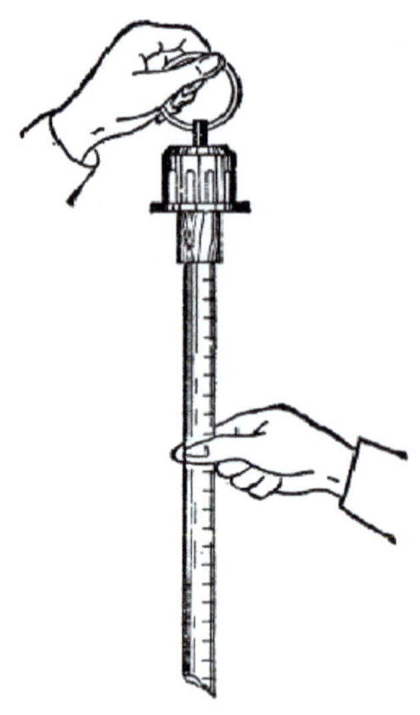

图 1.2　冻土器观测示意图

1.2.5　影响因素

(1)内管(软胶管)会随着内管水的结冰而伸长、膨胀,较长的内管在提取和回放过程中容易产生弯折,造成厘米标尺发生改变。

(2)人工摸测的外力会使不坚固的冰柱改变形态,甚至消融,破坏水体原有的自然冻结状态。土壤融化阶段,内管水体常处于半融化的酥软状态。人工观测时,摸测的外力会影响或改变水体的形态;且因温度较高,被挤压的冰体形态很难再恢复到人工摸测前的水平;有时会造成冻结层滑动或冻结厚度增大,甚至造成冰柱消失,导致“冻土终日”异常提前或滞后。

(3)人工提取或放回内管的过程中,将外界过高或过低的环境温度带入外套管,会对冻土数据产生影响。

(4)如内管更换不及时,软胶管存在老化现象,水体的冻融硬度会发生变化,观测人员对胶管软硬的感知、认知程度也会不同。

上述不可抗拒因素均会影响人工冻土记录的准确性。

1.3　冻土自动观测

冻土自动观测仪是根据含有水分土壤的冻融特性,通过测量水的相态、土壤频域反射或温度判识等方法,利用阈值判断测量土壤冻结层次和深度的仪器。

冻土自动观测仪观测频次为 1 次/min,可准确观测到每日的冻土最大深度,避免漏测最大冻结深度。

1.3.1 观测原理

冻土自动观测仪根据传感器测量原理的不同,分为电阻式冻土自动观测仪、电容式冻土自动观测仪和测温式冻土自动观测仪等。

我国地面气象观测业务中现用自动观测设备包括电阻式冻土自动观测仪和测温式冻土自动观测仪两种类型。

1.3.1.1 电阻式冻土自动观测仪

电阻式冻土自动观测仪遵循《地面气象观测规范》(2003 版)中冻土的相关规定,以非纯净水做感应介质,利用水在相态改变时电导率物理量特性随之改变的原理,根据设定的冻结阈值,通过测量其等效阻值或等效电压比,可间接反映冻结层次和冻结上、下限深度。对水体相态冻融转换的感知能力、认知程度、界定标准是恒定、统一的,不会因时间和设备发生变化,且不会对水体原有的自然形态产生任何改变。

1.3.1.2 测温式冻土自动观测仪

测温式冻土自动观测仪,可根据水凝结成冰或冰融化成水的温度变化特性,结合独特的冻融点算法,反演出土壤的冻结层次和上、下限深度。

1.3.2 业务需求

冻土观测记录属于气候观测资料,在气候监测与气候分析、农业生产与产品结构调整、建筑与交通设计、科学研究等气象服务领域有着重要作用。

冻土自动观测仪在实现冻土连续自动观测的同时,可连续客观地反映季节性冻土维持时间和冻结层深度,降低观测员劳动强度,避免人工观测受地方时差影响日最大冻土深度漏测的现象,自动化进程中观测具有较好的历史沿革。

我国目前已经选型安装运行的冻土自动观测仪有 5 个型号:DTD1 型冻土自动观测仪由北京华云东方探测技术有限公司生产;DTD2 型冻土自动观测仪由华云升达(北京)气象科技有限责任公司生产;DTD3 型冻土自动观测仪由沈阳新立新信息技术有限公司生产;DTD4 型冻土自动观测仪由中环天仪(天津)气象仪器有限公司生产;DTD5 型冻土自动观测仪由河南中原光电测控技术有限公司生产。其中,DTD1 型、DTD2 型、DTD3 型、DTD5 型冻土自动观测仪采用的是电阻式测量原理,DTD4 型冻土自动观测仪采用的是测温式测量原理。

第 2 章　冻土自动观测指标要求

2.1　测量性能指标

测量深度：0～450 cm。

分辨力：1 cm。

最大允许误差：±2 cm。

2.2　环境适应性指标

2.2.1　气候条件

在下列气候条件下，观测仪应能正常工作。

空气温度：−50 ℃～+60 ℃。

相对湿度：5%～100%。

降水强度：≤6 mm/min。

抗风能力：≤75 m/s。

2.2.2　机械条件

在非工作包装状态下，应能通过如下等级的正弦振动试验。

正弦稳态振动：位移 1.5 mm 加速度 5 m/s^2，频率 2～9 Hz、9～200 Hz。

在非工作包装状态下，应能通过如下等级的冲击试验。

脉冲波形：半正弦波峰值加速度 50 m/s^2，脉冲持续时间 30 ms。

冲击次数：3 个互相垂直的方向，每个方向连续施加 3 次冲击，共 18 次。

2.2.3　生物条件

应采取适当的防霉菌措施。除非使用在特殊的环境条件或使用方有要求时，否则不必通过长霉试验来鉴定其抗霉菌能力。

应采取适当措施防止动物损坏，如鼠咬、蚁噬等。

2.2.4　化学条件

正常大气条件下，应在材料、表面涂覆和工艺上采取相应的措施，使其具有一定的抗化学活性物质危害的能力，在产品寿命期内不致因腐蚀而引起产品的失效。

2.3　可靠性指标

进行可靠性设计、试验和验证，平均无故障工作时间(MTBF)大于 8000 h。

2.4　可维护性指标

(1)整个系统易于扩展和维修。

(2)各部件的结构设计充分考虑维修方便性、快捷性和不易误操作性。

(3)接线标志清晰不易混淆，采取充分的措施保证即使非专业人员操作也不易产生误操作。

(4)平均维修时间(MTTR)要求：≤40 min。

2.5　供电要求

(1)交流供电 220 V(＋10％～－15％)。

(2)直流 12 V。

(3)后备蓄电池，可保证冻土自动观测仪在无交流电源下 7 d 正常工作。

(4)当安装地点没有交流电源或电源不理想时，可选择太阳能、风力等其他方式供电。

2.6　功耗要求

采集器功耗≤2 W。

2.7　设备寿命要求

在规定的使用环境和正常维护的条件下，冻土自动观测仪使用寿命应不小于 8 a。

2.8　雷电防护要求

冻土自动观测仪应具备防直接雷击和雷击电磁脉冲的能力，防雷安全要求和设计应符合行业标准《气象台(站)防雷技术规范》(QX 4—2015)和《气象信息系统雷击电磁脉冲防护规范》(QX 3—2000)的要求。

传感器的信号线应采用屏蔽电缆，采用非屏蔽电缆时，应外穿金属管。电缆的屏蔽层和金属管下端应接到地网上。

电源箱接地端子用截面积不小于 16 mm^2 的接地线就近接入观测场地网，接地电阻应不大于 4 Ω。

2.9　工艺和外观要求

(1)机械结构要求

结构应便于装配、调试、检验、包装、运输、安装及维护等。

各零部件应安装正确、牢固，无机械变形、断裂、弯曲等。操作部分不应有迟滞、卡死、松脱等现象。

安装支架结构坚固、造型美观，便于传感器安装和维护，传感器安装后无晃动，能满足冻土自动观测仪观测需求。

(2)机械强度要求

冻土观测仪的各部件应有足够的机械强度和防腐蚀能力，确保在产品寿命期内，不因外界环境的影响和材料本身原因导致机械强度下降而引起危险。

(3)材料与涂覆要求

① 材料要求

应选用耐老化、抗腐蚀、具有良好的电气绝缘性能的材料，禁止使用不符合国家有关标准或行业标准的劣质材料。

② 涂覆要求

各零部件表面应有涂、敷、镀等工艺措施，以保证其耐潮、防霉、防盐雾。

(4)外观要求

冻土自动观测仪外观应整洁，无损伤和形变，表面涂层无气泡、开裂、脱落等现象。

铭牌、标识和标志应字迹清晰、完整、醒目。

2.10　电气安全要求

标记符合《测量、控制和实验室用电气设备的安全要求》(GB 4793.1—2007)关于“设备用图形符号”的要求。

(1)交流电源接入端口设“当心电击危险”安全标记。

(2)低压直流电源接入端口以红色“+”和黑色“−”标出极性，并标明额定电压值。

(3)电源开关标明电源“通”“断”位置。

(4)标明电源熔断器额定电流值。

第 3 章　仪器的结构与原理

3.1　DTD2 型冻土自动观测仪的结构与原理

3.1.1　概述

DTD2 型电阻式冻土自动观测仪的主要技术指标和功能全部符合中国气象局综合观测司发布的《冻土自动观测仪功能规格需求书》要求，可以自动完成冻土深度和层次的观测，可通过综合集成硬件控制器与地面综合观测业务软件连接。可替代 TB1-1 型冻土器，消除人工观测的误差，实现冻土自动观测。

3.1.2　测量原理

土壤冻融相态转换过程保持了水冻融过程的主要特征，冻融规律是对土壤综合因素所赋予的热传导作用的真实反映。

DTD2 型冻土自动观测仪基于含有导电粒子的水在相变时导电电导率（电阻）会发生“阻值突变”的规律，以非纯净水做感应介质，通过测量水的电阻值变化反映同层土壤的冻融状况。

DTD2 型冻土自动观测仪传感器采用与 TB1-1 型冻土器相同的注水内管和保护外套管感应结构，传感器插入观测场地下外套管中。土壤中的水分发生冻结时，内管中的水分也随之冻结，其阻值发生突变，内管中的感应电极将探测到的每厘米水体的电阻值数据输出到数据采集器，采集器依据两电极之间水柱（冰柱）的电阻值和设定的阈值判定每厘米水柱的冻融状态，完成冻结深度和冻结层次的判识，并按规定的数据格式存储，传送到上位终端机。

3.1.3　硬件结构

DTD2 型冻土自动观测仪的硬件主要由传感器、数据采集器、通信单元、供电单元和外围设备组成，可接入综合集成硬件控制器，其硬件结构如图 3.1 所示。

传感器与数据采集器采用一体化结构设计。采集器位于传感器顶部，具备测量

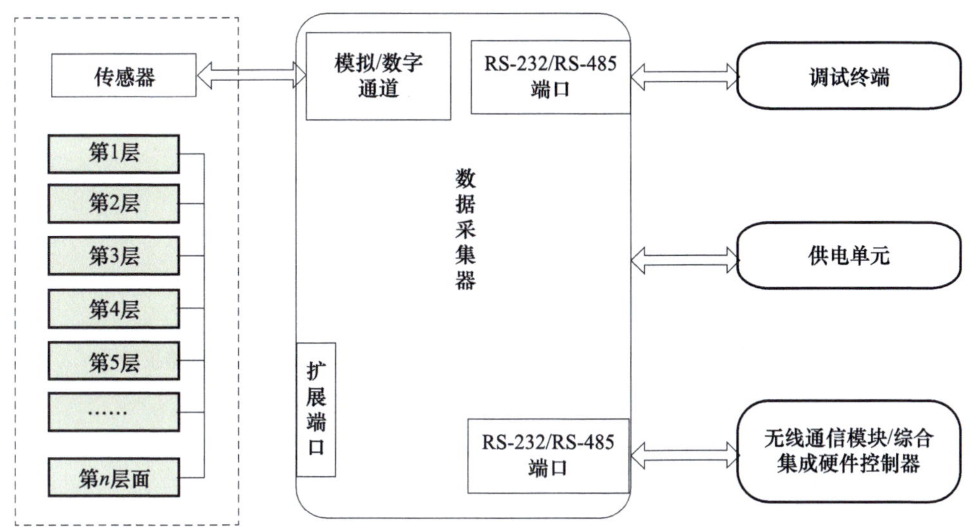

图 3.1　DTD2 型冻土自动观测仪组成结构图

电压转换、测量控制、数据处理和存储等功能;在壳体上方有指示灯罩,可以直观查看设备的运行状态。

3.1.3.1　传感器

DTD2 型电阻式冻土自动观测仪传感器是冻土自动观测仪的核心部件,其利用自然水(液态)与冰(固态)在导电性能上的差异,通过感应电极将水的冻融状态转化为电信号,供数据处理器调用、处理,完成水体冻融状态的自动识别任务。

数据采集器由注水内管和保护外套管构成。注水内管中设置有纵向间隔 1 cm 的电极标尺,标尺电极的结构设计保证了硬件测量分辨力的长期、稳定,消除了TB1-1型冻土器因冻结膨胀产生的标尺误差。DTD2 型冻土自动观测仪实物如图 3.2 所示。

图 3.2　DTD2 型冻土自动观测仪实物图

传感器由硬质 PPR 管做防护管,埋设在观测场地的指定位置。

3.1.3.2　数据采集器

DTD2 型冻土自动观测仪数据采集器的主要功能是对传感器感应到的每厘米水

体的电量数据进行采样，对采样数据进行冻融性质判别和冻结深度的计算处理、质量控制、数据存储、通信传输，与终端计算机进行交互。

数据采集器是由嵌入式处理器、数据存储器、时钟电路、通信接口、指示灯电路、电缆连接插座和注水孔组成的一体化系统，如图 3.3 所示。

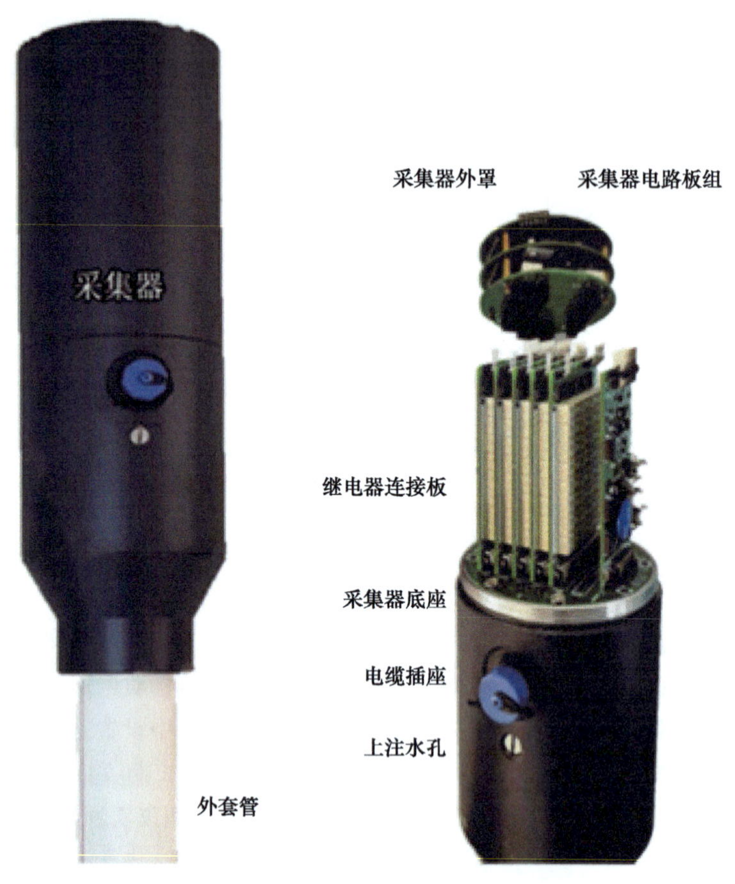

图 3.3　DTD2 型冻土自动观测仪数据采集器

数据采集器由一个圆形的外壳做防护，可以从上部旋转打开，内部由三块圆形电路板组成。

第一块为数据处理板，由中央处理器、时钟电路、数据存储器、传输接口、控制电路等部分构成。中央处理器以低功耗单片机为核心控制部件，实现测量电压转换、测量控制、数据处理等功能，并带有数据存储、时钟控制、硬件看门狗、RS-232 电平转换，以及加热器控制等功能，所有芯片采用贴片电路，安装在功能电路板上，体积小、功耗低、结构紧凑。

第二块为电源管理板，将整机 DC 12 V 供电转换为测量电路所需的 50 Hz 交流电，以消除感应电极的极化现象，确保对水体冻融相态感应的长期稳定。

第三块为感应器连接板，可以安插 6 块方形继电器板，通过底座连接到传感器，底座与传感器形成一个整体。

数据采集器单元的组件维护、更换方便。

3.1.3.3　通信单元

通信单元是数据采集器与综合集成硬件控制器的连接设备，使用 RS-232 或 RS-485 通信接口，实现与上位机的数据通信。

冻土自动观测仪可以直接通过 RS-485 总线方式与计算机或串口服务器连接，可将冻土观测数据、设备运行状态数据等信息以有线的方式上传至上位机软件。

3.1.3.4　供电单元

供电单元由电源控制器、防雷器、电源开关和蓄电池组成。机箱与设备主机采用防水插头连接，市电与机箱通过供电电缆连接供电，如图 3.4 所示。

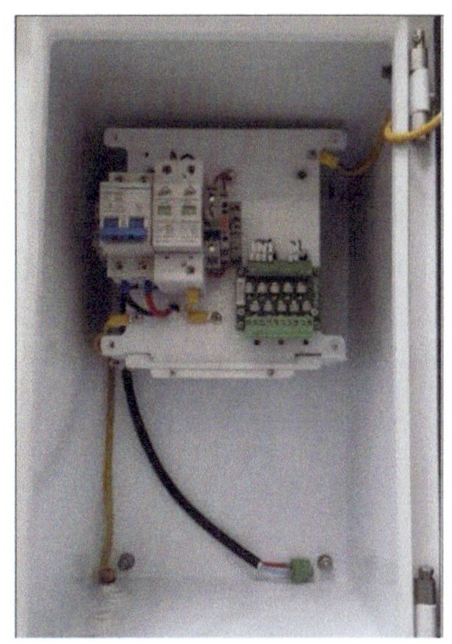
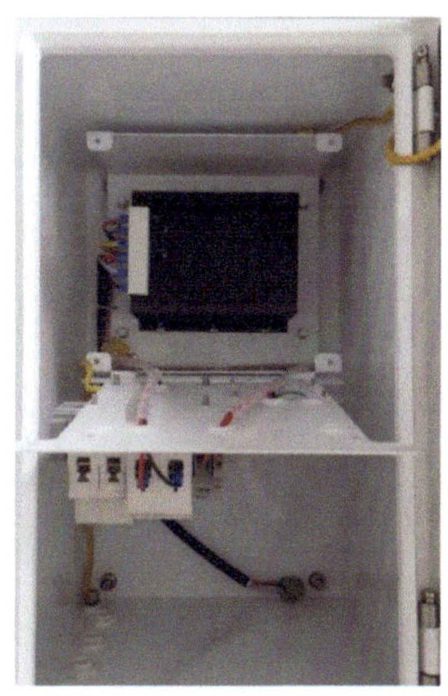

图 3.4　DTD2 型冻土自动观测仪机箱内部实物图

(1)电源控制器

用于将交流输入转换为直流输出，并为电池充电，充电过程中带有控制功能，防止过度充放电现象发生。

(2)防雷器

防雷器，也叫浪涌保护器，是一种为各种电子设备、仪器仪表、通信线路提供安全防护的电子装置。当电气回路或者通信线路中因为外界的干扰突然产生尖峰电流或者电压时，浪涌保护器能在极短的时间内导通分流，从而对自动站系统进行保护。

(3)电源开关

电源开关，分为空气开关和刀片开关。

空气开关为交流输入开关，控制交流供电的通断。需要注意的是，空气开关在“off”状态时可以断开电源控制器的输出，并不能彻底为自动站断电，因为此时电池仍在持续为自动站系统供电。

刀片开关为直流电源开关，控制电源控制器的直流输出与电池的输出，切断该开关，将断开整个自动站的供电。

(4)蓄电池

蓄电池，用于储蓄电能，可保证在交流停电时，继续维持自动站系统的正常工作。

3.1.3.5　外围设备

DTD2 型冻土自动观测仪的外围设备包括立杆、支架、机箱等安装结构件。

3.1.4　软件结构

采集器嵌入软件主要包括感应器数据采集、冻融数据处理、数据存储和数据传输等功能模块。

数据采集模块按照规定的采样频率进行传感器感应器数据的采样。

数据处理模块按照设定的冻结阈值判定每厘米层的冻融性质观测数据，并对采样数据和冻融数据进行质量控制。

数据存储模块主要负责观测数据的存储与管理。

数据传输模块负责实现与终端计算机间的观测数据传输和信息交互，并具有数据补传功能。

3.1.4.1　数据采集和传输

每分钟采样 1 次，由传感器每个采集单元在采集时间间隔内完成采样，并经过计算质控处理获得冻土采样数据。

冻土自动观测仪自检正常后，发出数据采样指令，根据设定的冻结阈值判定全深度逐厘米水柱冻融状态，生成冻土层次和冻土深度分钟观测数据，将分钟数据文件通过通信命令传给上位机。

冻土自动观测采集算法流程如图 3.5 所示。

冻土自动观测仪输出的数据包括观测要素和状态信息。

每分钟输出的冻土观测数据包括每个冻结层次的上、下限深度，小时内最大冻结层次对应的上、下限和出现时间。

每分钟输出的设备状态信息主要包括设备工作状态、电源状态和通信状态等。

3.1.4.2　观测数据质控

采集软件具备质量控制功能，包括极限范围检查和变化速率检查。

(1)极限范围检查

认证每分钟的冻土深度数据值是否在传感器的正常测量范围内。未超出的，标识“正确”；超出的，标识“错误”。

(2)变化速率检查

若当前分钟的冻结深度与前 1 min 的差值大于“存疑的变化速率”，则当前分钟的冻结深度数据不能通过检查，标识为“存疑”；若大于“错误的变化速率”，则当前分钟的冻结深度数据标识为“错误”。

3.1.4.3　数据存储

采集器至少能够存储 10 d 的分钟观测数据、状态信息以及 1 个月的正点观测数据，并留有 30%以上的存储空间。

数据存储采用循环式存储器结构，即允许最新的数据覆盖旧数据；数据存储器具备掉电保存功能。

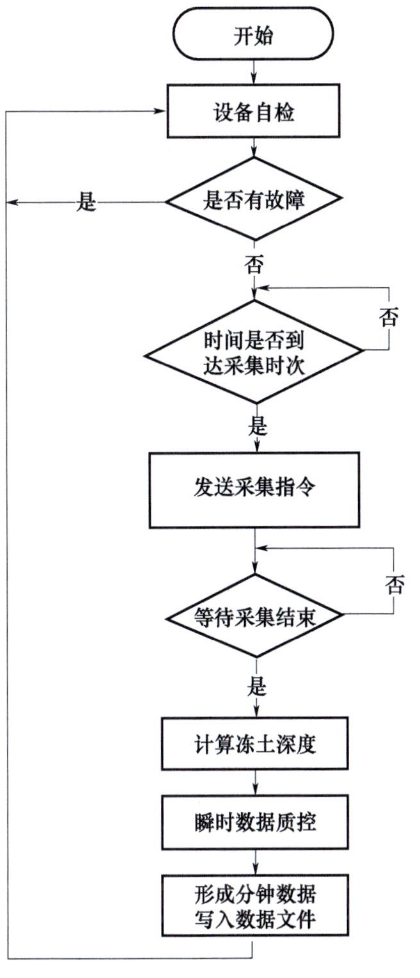

图 3.5　DTD2 型冻土自动观测仪采集算法流程图

3.1.4.4　数据传输

数据传输支持被动传输和主动传输两种模式。

(1)被动传输模式

采集器每分钟完成数据采集、处理，并在接收到上位机的数据读取命令(READDATA)后，向上位机发送距离当前时刻最近的观测数据和设备状态数据。

(2)主动传输模式

根据预设的传输时间，定时、主动向上位机发送冻土观测数据、状态数据。

3.1.4.5　系统升级

通过终端软件对采集器发出升级指令，传送更新程序完成软件升级。

3.1.4.6 终端操作命令

终端操作命令为采集器和终端计算机、中心站软件之间通信的命令，能实现对采集器各项参数的设置、读取以及观测数据的读取。

3.1.4.7 时钟同步

通过终端软件发送命令，对冻土自动观测仪统一校时。

3.1.5 整体技术指标

3.1.5.1 测量指标

测量分辨力：1 cm。

最大允许误差：±2 cm。

测量深度：0～450 cm。

3.1.5.2 外套管规格尺寸

管内径：27 mm。

外套管材质：PPR 硬管。

管外径：40 mm。

外套管露出地面高度：260 mm。

3.1.5.3 自动观测时间

自动观测时间：按照《地面气象自动观测规范》要求设定。

最大时钟误差：≤15 s/月。

校时方式：自动或上位机终端命令校时。

3.1.5.4 工作电源

工作电压：DC 9～15 V。

使用交流电对电池充电，停电时电池供电。

3.1.5.5 信号传输

采用 RS-485 接口，按照《地面气象观测数据对象字典》格式自动输出冻土深度、冻结层次、小时内最大冻结深度及出现时间等数据。

3.1.5.6 气候条件

工作温度：－40～＋70 ℃。

相对湿度：5%～93%。

降水强度：≤6 mm/min。

最大抗阵风能力：75 m/s。

防护等级：IP65。抗盐雾腐蚀，防霉菌，防止动物损坏，如鼠咬、蚁噬等。

3.1.6　安装调试

3.1.6.1　现场布局

冻土自动观测仪的安装选择在观测场内南侧靠东有自然覆盖物的地段(有深层地温观测任务的台站,应在深层地温南侧 50 cm 处安装),设备安装符合观测场内仪器设施的布置要求。

(1)传感器安装位置

根据当地可能出现的最大冻土深度,冻土自动观测仪可采取集成式或分段式方法安装。为便于安装与维护,超过 150 cm 冻结层的地区可采取分段式方法安装,设备布局如图 3.6 所示。

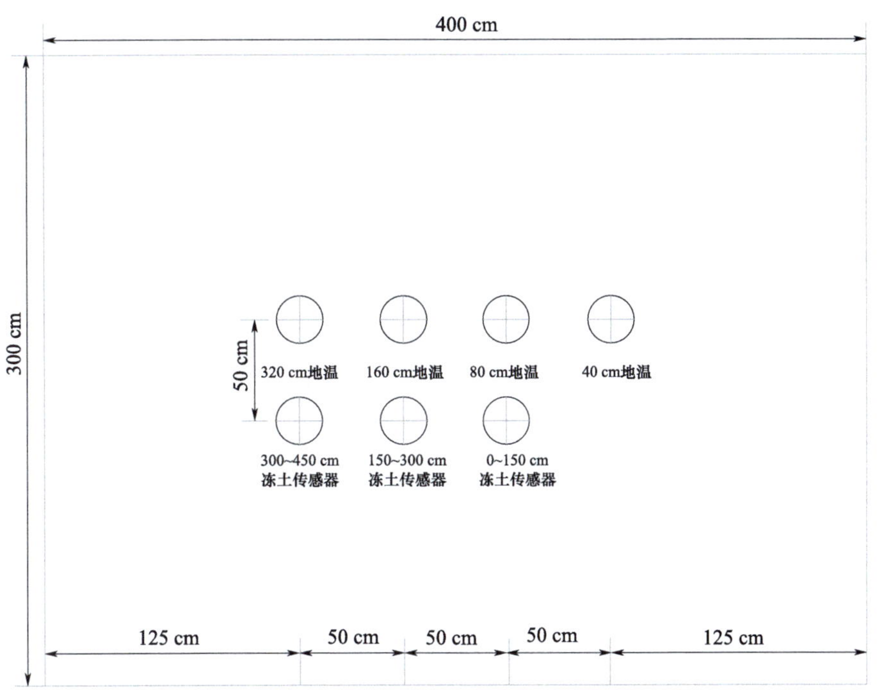

图 3.6　DTD2 型冻土自动观测仪设备布局图

依据台站所观测到最大冻土深度的历史资料,分以下三种方式进行安装。

——当台站最大冻土深度小于或等于 150 cm 时,只需在对应 80 cm 地温正南 50 cm 处安装一根外套管,将长度为 0～150 cm 的冻土传感器插入外套管中。

——当台站最大冻土深度大于 150 cm 且小于或等于 300 cm 时,分两段进行安装,在对应 80 cm 地温和 160 cm 地温南侧 50 cm 处分别安装长度为 0～150 cm 和 0～

300 cm 的外套管，将长度为 0～150 cm 和 150～300 cm 的冻土传感器插入外套管中。

——当台站最大冻土深度大于 300 cm 且小于或等于 450 cm 时，分三段进行安装，在对应 80 cm 地温、160 cm 地温和 320 cm 地温南侧 50 cm 处分别安装长度为 0～150 cm、0～300 cm 和 0～450 cm 的外套管，将长度为 0～150 cm、150～300 cm 和 300～450 cm 的冻土传感器插入外套管中。

(2)机箱安装位置

供电机箱安装在地温分采集器东侧 60 cm 处(设备间距)，且与地温分采东西成行排列，基础预埋件用混凝土浇筑，外露面平整光洁，基础中预留 1 根 PVC 管，从水泥基础的底部通向地沟，基础大小和安装高度与地温分采集器一致。供电机箱安装在立柱上，箱门朝北，如图 3.7 所示。

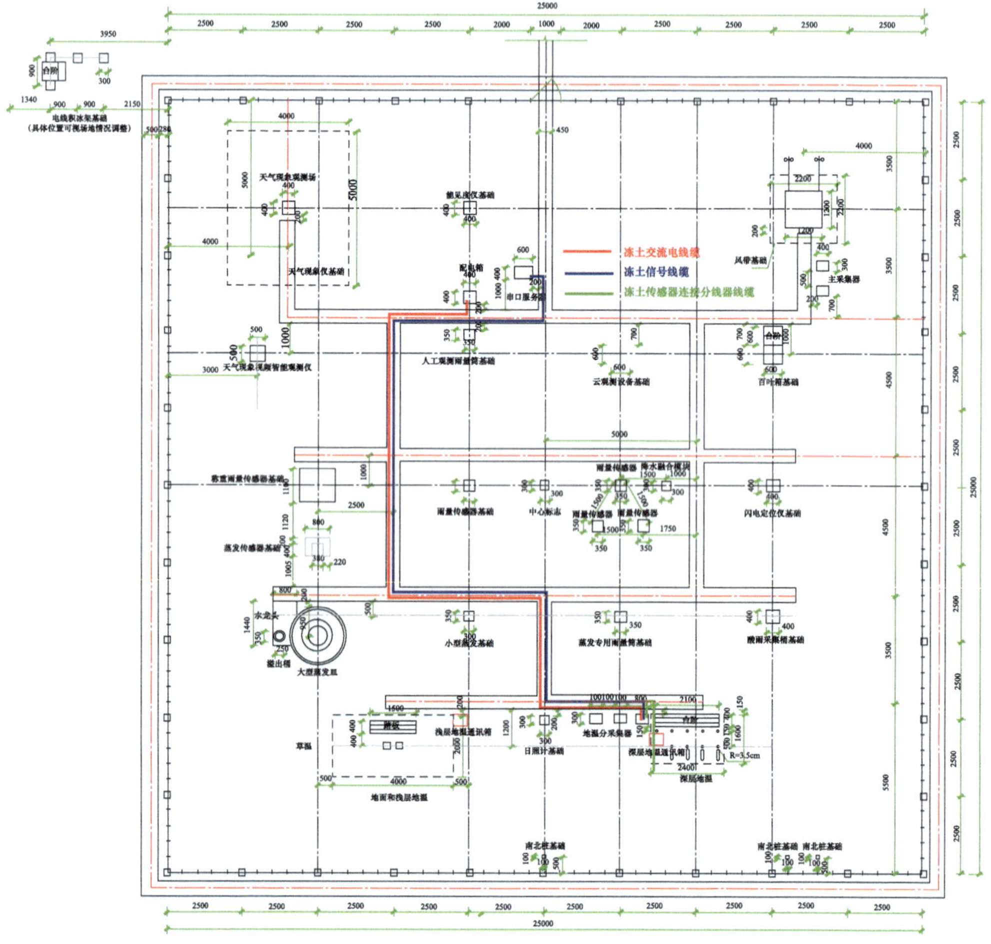

图 3.7　DTD2 型冻土自动观测仪设备基础及线路布局图

3.1.6.2　供电机箱基础预埋

DTD2 型冻土自动观测仪供电机箱安装在地温分采集器东侧 60 cm 处（设备间距），且与地温分采集器东西成行排列。

基础大小为 400 mm（长）×400 mm（宽）×600 mm（深），埋入地下 550 mm，高出地面 50 mm，地脚螺栓顶部高出基础表面约 35 mm，如图 3.8 所示。

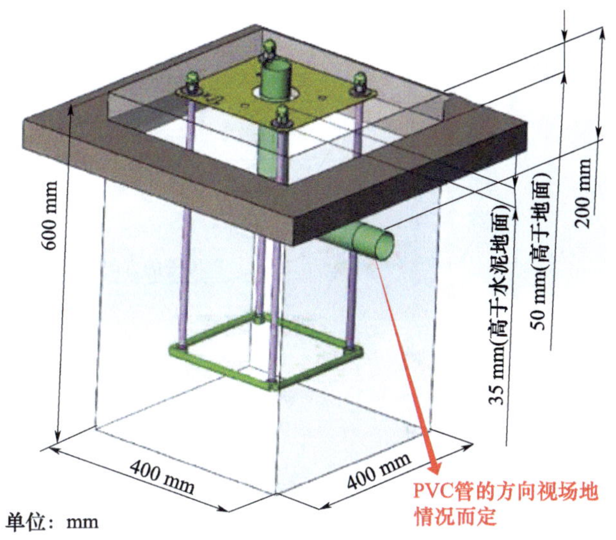

图 3.8　DTD2 型冻土自动观测仪供电机箱基础预埋示意图

基础中央预埋入 3 根直径 20 mm 的 PVC 穿线管。交流供电线缆、信号线缆穿过线管朝向地沟，传感器线缆朝向南侧传感器，穿线管设置如图 3.9 所示，穿线管可根据观测场实际情况调整方向。

3.1.6.3　传感器外套管安装

（1）外套管规格

外套管选用直径 40 mm 的 PPR 管，长度 1950 mm。一端用 PPR 材质直径 40 mm堵头管帽，使用热熔工具将外套管一端与堵头管帽进行熔接。熔接后外套管总长度 1980 mm，如图 3.10 所示。

（2）外套管埋设

安装外套管的时间应根据当地冻土期确定，至少提前 2 个月，以便于仪器沉降和调整，外套管在地面之上的高度为 260 mm，如图 3.11 所示。

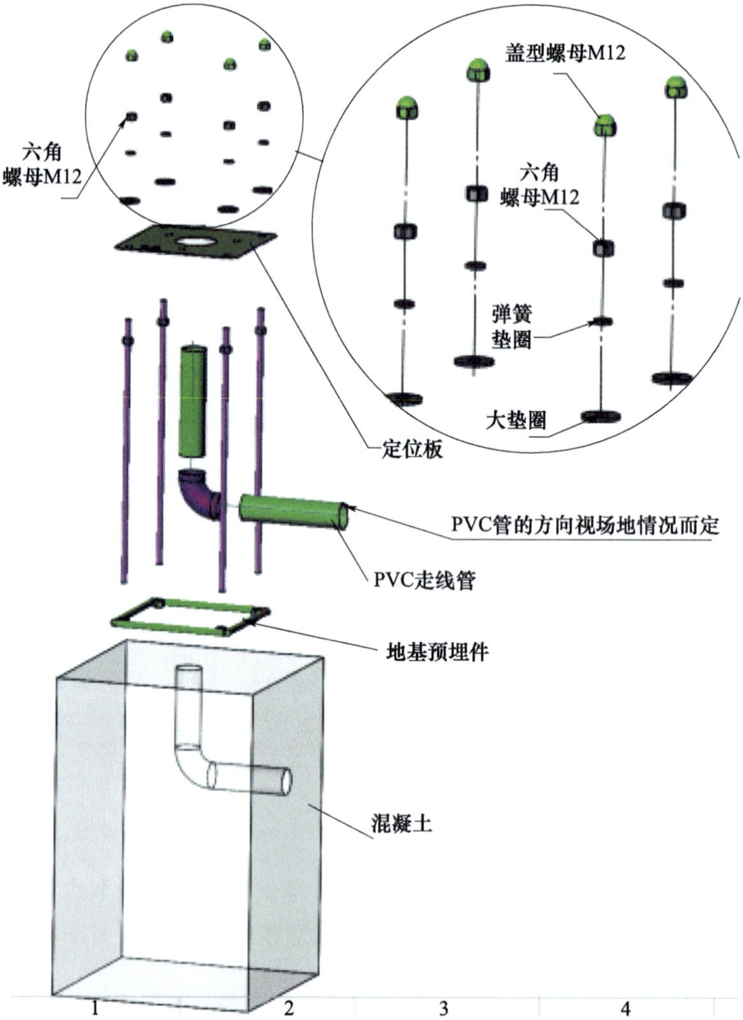

六角
螺母M12
盖型螺母M12
六角
螺母M12
弹簧
垫圈
大垫圈
定位板
PVC管的方向视场地情况而定
PVC走线管
地基预埋件
混凝土
1
2
3
4

图 3.9　DTD2 型冻土自动观测仪供电机箱穿线示意图

已熔管封闭端-在下
开口端-在上

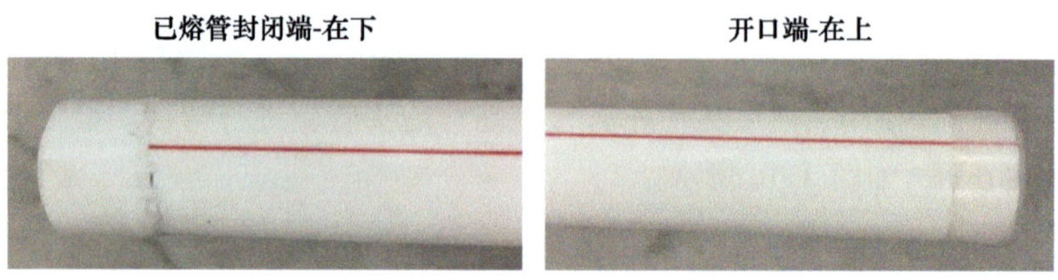

图 3.10　DTD2 型冻土自动观测仪外套管示意图(冻土深度较浅的地区，可选择规格为 50 cm 或 100 cm 的冻土传感器,外套管的长度则相应调整)

图 3.11 DTD2 型冻土自动观测仪外套管安装示意图

建议采用“钻孔法”，钻出直径约 42 mm 的孔洞。将外套管送入孔洞中，在外套管与孔洞的间隙灌入足够量的细土，夯实，以防止外套管下沉。外套管所在位置的地面高度应与四周邻近场地的高度平齐，外套管在地面之上的高度为 260 mm。安装完成以后，使用防水材料把裸露在外的管口堵住，以防止在传感器未安装之前有雨水流入。

3.1.6.4 传感器注水

设备出厂时已注水，建议安装时更换，重新注入当地自然水体（井水，江、河、湖、海水或自来水）。传感器应在每年入冬前 1 个月完成补水或更换水，注水操作应避开整点，并确保传感器内没有气泡，注水阀与溢水孔位置如图 3.12 所示。

注水步骤如下。

(1)拧开溢水孔表面螺丝，保持传感器内部与大气连通，拧开传感器下端白色的注水阀保护帽，露出并打开注水阀，将传感器竖立后排空传感器内的存水，若管内存水能够代表当地水体则只需补水。

(2)将注水筒和水管连接后，在筒内灌入代表当地水体的水（井水，江、河、湖、海水或当地自来水），打开水管的开关，让水流出直至管内不再有气泡。

(3)将传感器头部朝上，大于 45°倾斜放置，拧上注水阀（不完全拧紧），防止注入的水流出。抬高注水筒，使其高于溢水孔，采用滴漏的方法将水注入传感器，直至溢水孔出水，表示注满。

图 3.12 DTD2 型冻土自动观测仪注水阀与溢水孔位置

(4)注满后拧紧注水阀，取下连接管，拧上注水阀保护帽，拧紧溢水孔螺丝后拧松(逆时针)2～3 圈，一般注水后应静置 2 h 以上，再将传感器重新放入外套管内正式开始观测，以消除气泡影响，注水筒、注水管、注水阀如图 3.13 所示。

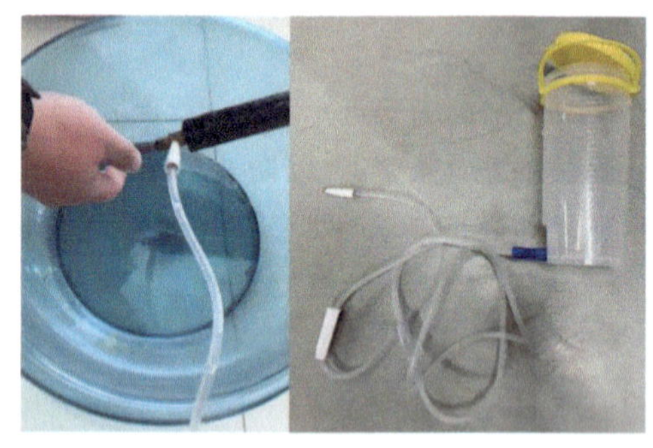

图 3.13 DTD2 型冻土自动观测仪注水筒、注水管、注水阀实物图

(5)注意事项：传感器注水每年进行 1 次，在入冬正式观测前 1 个月进行。传感器缺水后可用此方法补水。

3.1.6.5 线路连接

电源线和通信电缆分别放入电缆沟(管)内的金属线槽中，并与电源箱和综合集成硬件控制器连接。电缆沟(管)应做到防水、防鼠，避免人为破坏造成的影响，同时还应便于检修。

冻土自动观测仪的传感器电缆线和信号线敷设在直径 30 mm 的 PVC 管内埋入地下，穿入地沟金属线槽，连接到电源箱。供电线缆及信号线走线如图 3.14 所示。

(1)220 V 交流供电

从观测场配电箱接入交流电线缆，电缆线穿镀锌管或不锈钢线槽，经保护开关连接到冻土自动观测仪机箱底部的位置。

注意，确认空气开关为“off”状态，把市电互补控制器的红色和黑色蓄电池引线分别接蓄电池的“＋”极和“－”极。将 220 V 市电接入空气开关(左零右火)，N 为地线。

(2)RS-485 数据线

供电机箱到综合集成硬件控制器之间的观测数据传输线缆进入地沟穿线槽或穿线管，接入综合集成硬件控制器。

① 风塔、风向风速传感器
② 前向散射能见度仪
③ 降水现象仪
④ 百叶箱、气温传感器、湿度传感器、气温多传感器标准控制器
⑤ 自动雪深仪
⑥ 闪电定位仪
⑦ 翻斗雨量传感器Ⅰ
⑧ 翻斗雨量传感器Ⅱ
⑨ 翻斗雨量传感器Ⅲ
⑩ 翻斗雨量传感器
⑪ 称重式降水传感器
⑫ 酸雨自动观测仪
⑬ 通风防辐射罩、蒸发传感器
⑭ 深层地温传感器(40 cm、80 cm、160 cm、320 cm)
⑮ 冻土自动观测仪
⑯ 光电式数字日照计
⑰ 地面温度传感器、浅层地温传感器(5 cm、10 cm、15 cm、20 cm)
⑱ 草面温度传感器
⑲ 全自动太阳跟踪器
⑳ 辐射传感器
㉑ 天气现象视频智能观测仪
㉒ 主采集器
㉓ 降水多传感器标准控制器
㉔ 地温分采集器
㉕ 综合集成硬件控制器
㉖ 雨量器
㉗ 配电箱

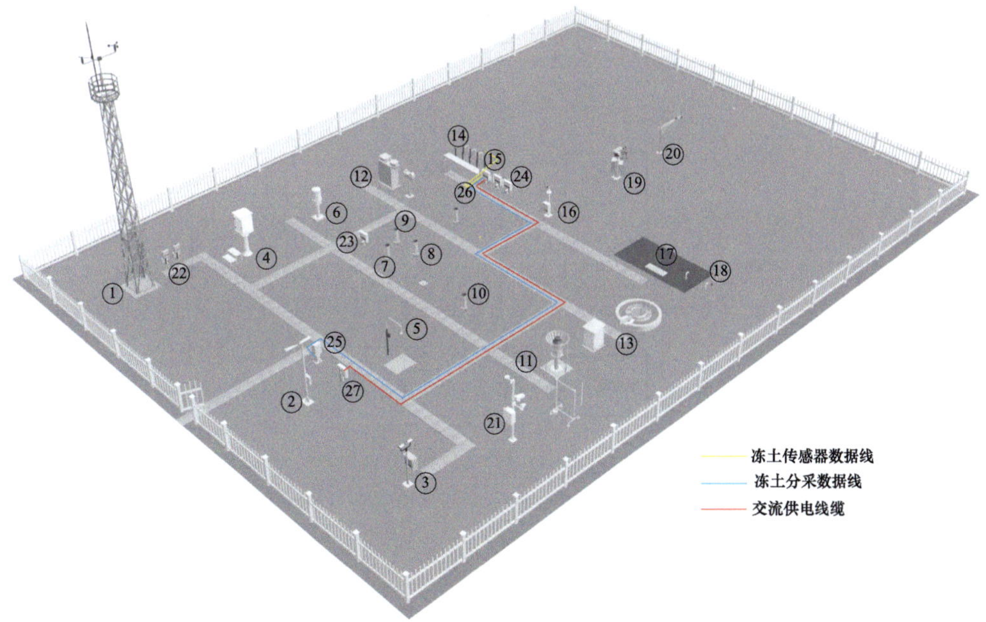

图 3.14　DTD2 型冻土自动观测仪观测场走线示意图

(3)传感器数据线

DTD2 型冻土自动观测仪的传感器到供电机箱的直流供电线缆采用 1 条 6 芯线

缆直接接入冻土自动观测仪机箱，如图 3.15 所示。

3.1.6.6 安装冻土传感器

去掉运输保护套管，将冻土自动观测仪传感器缓慢插入已埋设好的外套管中。

3.1.6.7 安装供电机箱

DTD2 型冻土自动观测仪在已做好的地基上安装机箱立杆，将抱箍用螺钉紧固在冻土自动观测仪机箱上，然后将其固定在立杆上，如图 3.16 所示。

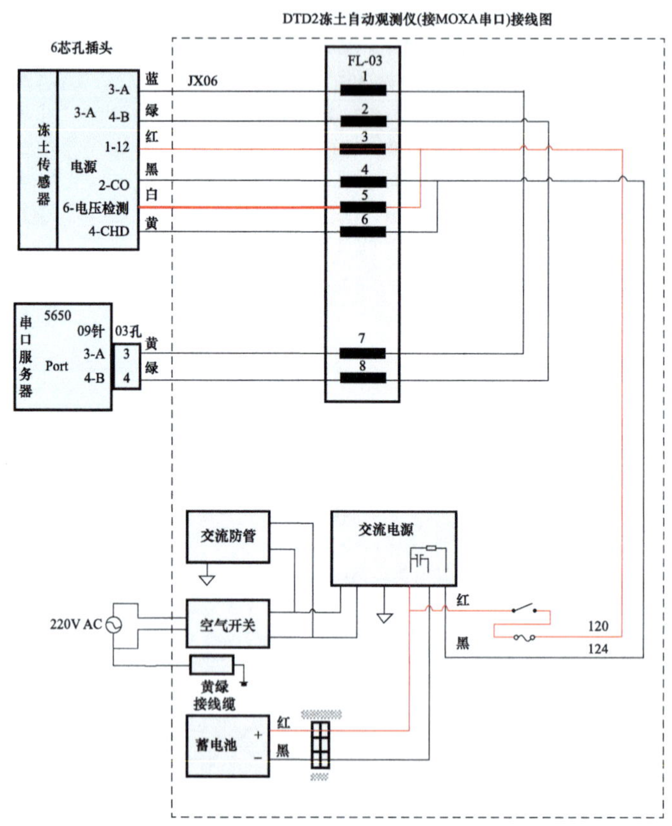

图 3.15 DTD2 型冻土自动观测仪综合集成硬件控制器线缆连接图

3.1.6.8 连接线缆

正确连接 DTD2 型冻土自动观测仪线缆后，即可上电进行设置调试，机箱内部结构如图 3.4 所示，接线如图 3.17 所示。

3.1.6.9 衔接地面综合观测业务软件

(1)综合集成硬件控制器串口设置

通信方式为 RS-485，波特率 9600 bit/s，数据位 8，停止位 1，无奇偶校验。使用时需要选择冻土自动观测仪接入综合集成硬件控制器接口所对应的串口号，再设置以上参数，即可实现冻土自动观测仪的接入，如图 3.18 所示。

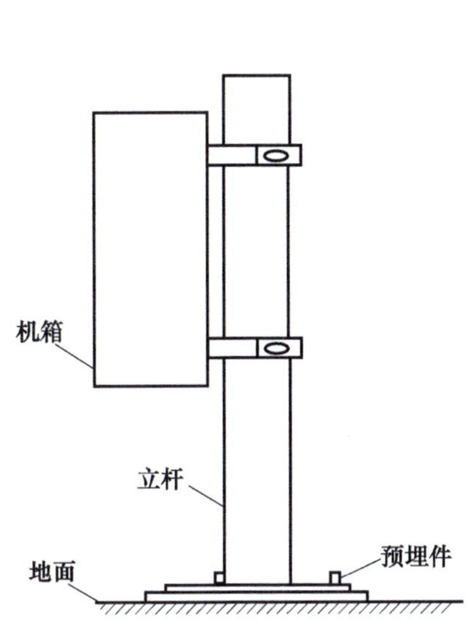

图 3.16　DTD2 型冻土自动观测仪机箱安装位置示意图

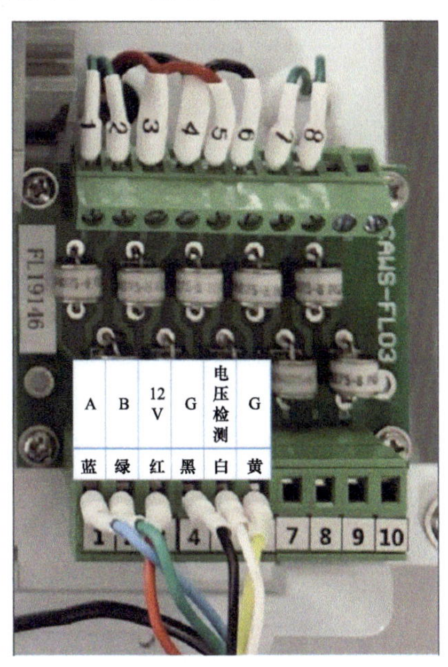

图 3.17　DTD2 型冻土自动观测仪箱内部实物接线图

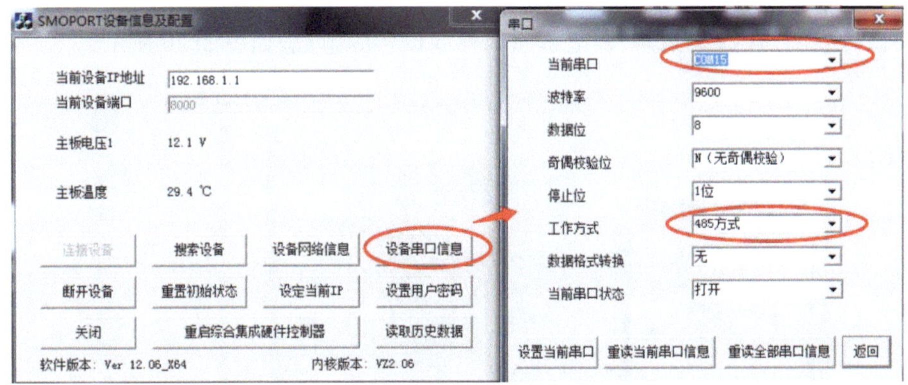

图 3.18　综合集成硬件控制器参数设置界面

(2)地面综合观测业务软件挂接项设置

点击“参数设置”→“自动项目挂接设置”，打开自动项目挂接设置标签页，勾选“冻土”观测要素，如图 3.19 所示。

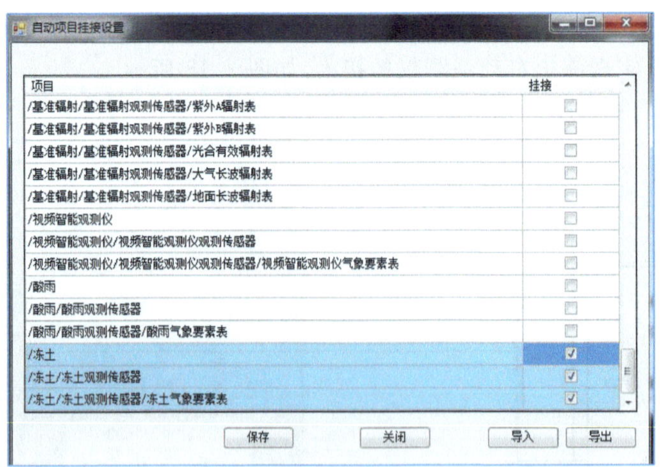

图 3.19 冻土项目挂接

当所有的设备安装、连接、设置工作都完成后，冻土自动观测仪可正常工作，此时需要在终端机业务软件上查看数据，以便进行确认。

3.2 其他型号冻土自动观测仪的结构与原理

3.2.1 DTD1 型冻土自动观测仪

DTD1 型冻土自动观测仪由软件和硬件两部分组成。软件为嵌入式软件，硬件主要由传感器、数据采集器、供电单元和外围设备等组成，如图 3.20 所示。

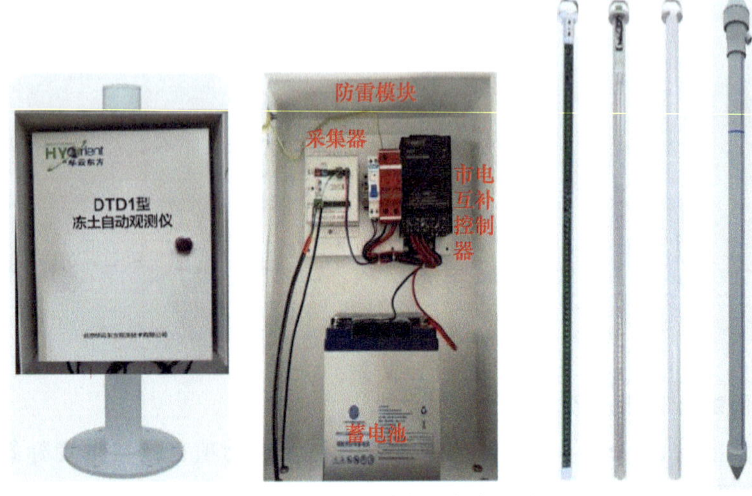

图 3.20 DTD1 型冻土自动观测仪

3.2.1.1　采集单元

采集单元采用 DFC200 型采集器，如图 3.21 所示。

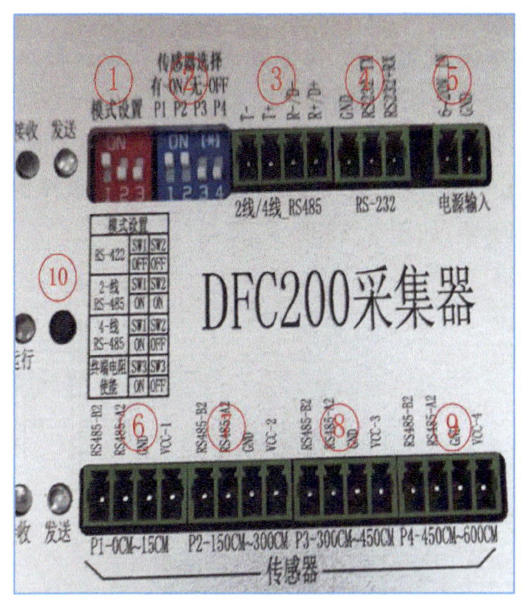

图 3.21　DTD1 型冻土自动观测仪采集器

(1)通信模式设置开关，默认为 RS-485，拨码 1 打开即可，其他模式见采集器壳体。

(2)传感器选择开关，拨码 1、2、3、4 分别对应图中⑥、⑦、⑧、⑨端子，当端子接有传感器时，则打开对应拨码。

(3)综合集成硬件控制器 RS-485 通信端子，与④二选一，推荐使用 RS-485 通信。

(4)综合集成硬件控制器 RS-232 通信端子。

(5)12 V 电源输入端子，连接市电互补控制器负载端。

(6)0～150 cm 传感器接线端子，连接 DTD1-50、DTD1-100、DTD1-150 传感器。

(7)150～300 cm 传感器接线端子，连接 DTD1-200、DTD1-250、DTD1-300 传感器。

(8)300～450 cm 传感器接线端子，连接 DTD1-350、DTD1-400、DTD1-450 传感器。

(9)450～600 cm 传感器接线端子(预留)，连接 DTD1-500、DTD1-550、DTD1-600 传感器。

(10)采集器程序下载按钮,断电后按下按钮,通电,松开按钮,即可进入程序下载模式。

3.2.1.2 安装调试方法

设备底座基础由水泥浇筑而成,位于地温分采集器东侧 60 cm 处(基础边界距离),且与地温分采集器东西成行排列。基础大小为 350 mm×350 mm×600 mm,埋入地下 550 mm,高出地面 50 mm,地脚螺栓顶部高出基础表面约 35 mm。基础中央预埋入 3 根直径 20 mm 的 PVC 穿线管。供电线缆、信号线缆穿过线管朝向地沟,传感器线缆朝向南侧传感器,如图 3.22 所示。

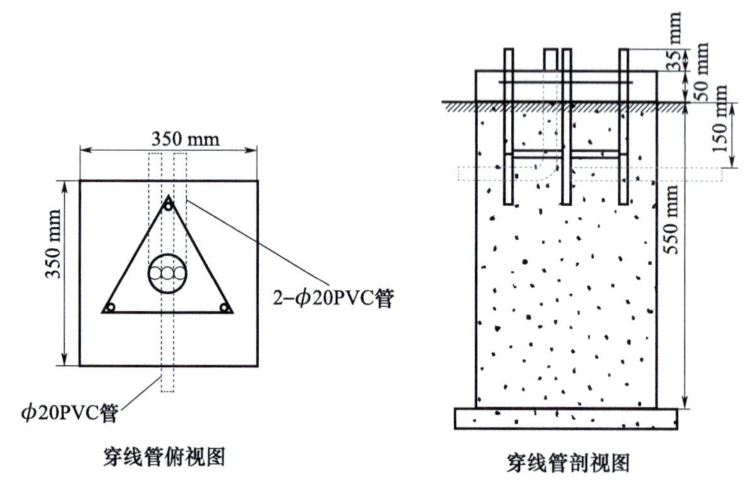

图 3.22 DTD1 型冻土自动观测仪基础预埋示意图

(1)外套管安装

冻土传感器可参照冻土器规格进行选配,超过 150 cm 采取分段式安装,并拼接外套管。外套管孔洞灌入泥浆或细土并夯实,外套管与土壤紧密贴合,避免产生自然沉降。外套管 0 cm 刻度线须与观测场地面平齐。传感器外套管采用钻孔灌浆法或挖坑填埋法安装,钻孔直径适宜大小为 5～6 cm,深度超出传感器规格 10 cm。

注意,拼接螺纹处用螺纹锁固胶或生胶带缠绕 20～30 圈。

(2)传感器安装

外套管安装完成后,将传感器胶管上堵头打开,传感器垂直放置,取下堵头,通过注射器向胶管内注射当地自来水,每注入 50 mL,轻轻敲打管壁将管内气泡弹出,继续注水至胶管顶端 2 cm 的水位上限处,密封好堵头即可,注水方式如图 3.23 所示。

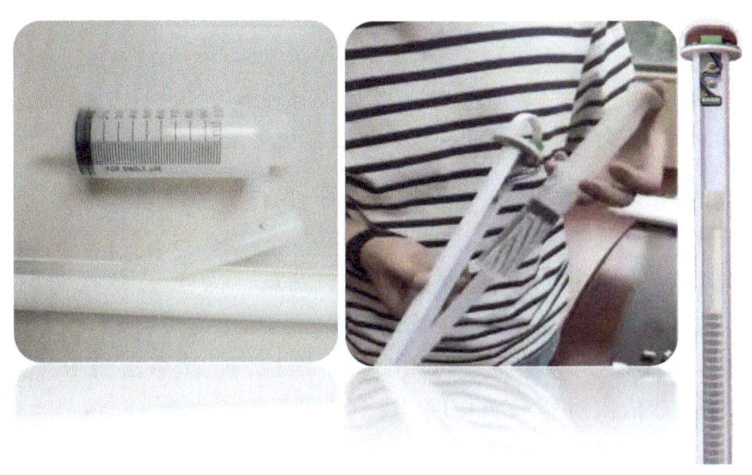

图 3.23 DTD1 型冻土自动观测仪注水方式

注水完成后，150 cm 传感器直接插入外套管即可。超出 150 cm 分段安装，芯件之间由钢丝连接，先将下端芯件插入外套管，再用上端芯件将下端芯件顶入最底部。安装时需注意线槽与防水接头(图中红色相框)位置对应，且在下插过程中不能旋转芯件，内管安装方式如图 3.24 所示。

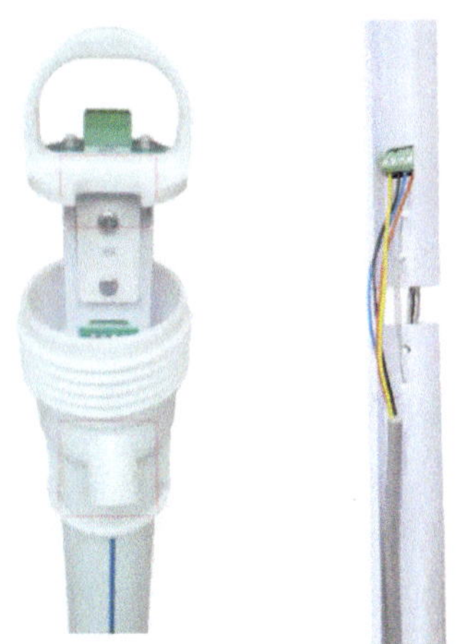

图 3.24 DTD1 型冻土自动观测仪内管安装方式

(3)传感器接线

从机箱引出传感器线，将线穿入 PVC 线管，埋入钻取的空洞中。黄、黑、蓝、棕接线端子分别对应 VCC、GND、RS-485-A、RS-485-B。接通完毕，将防水接头锁紧，将上端封盖旋紧即可，如图 3.25 所示。

(4)采集器连接

确认空气开关为“off”状态，把市电互补控制器的红色和黑色蓄电池引线分别接蓄电池的“+”极和“−”极。将 220 V 市电接入空气开关，N 为地线。将电源线接入供电箱内，棕色接正极，黑色接负极，黄黑线接地。

设备支持 RS-485 和 RS-232 两种通信方式，根据台站综合集成硬件控制器类型选用，推荐使用 RS-485 方式。

RS-485 方式接线：综合集成硬件采集器一端黄、黑、蓝、棕依次对应 T+、T−、R+、R−，采集器一端蓝、棕、黄、黑依次对应 T−、T+、R−、R+。

RS-232 方式接线：综合集成硬件采集器一端棕、蓝、黑依次为 R_X、T_X、GND，采集器一端黑、棕、蓝依次对应 GND、T_X、R_X。

采集器接线端子的接线顺序如图 3.26 所示。

图 3.25 DTD1 型冻土自动观测仪整体安装图

图 3.26 DTD1 型冻土自动观测仪采集器端接线图

上电后，查看市电互补控制器运行灯是否正常闪烁。中间红色 LED 灯为运行指示灯，上电后闪烁，闪烁间隔为 1 s 左右。连接 RS-485 串口调试工具，向采集器发送“HELP”指令，观察第一行黄色指示灯是否闪烁，闪烁说明采集器接收到指令，同时观察绿色指示灯是否闪烁，闪烁说明采集器响应“HELP”指令返回相关内容。设置拨码后连接传感器，通过串口助手发送“READDATA”指令，观察第三行绿色指示灯是否闪烁，闪烁说明采集器向传感器发送读取数据指令成功，同时观察黄色指示灯是否闪烁，闪烁说明传感器向上发送数据成功。

3.2.2 DTD3 型冻土自动观测仪

DTD3 型冻土自动观测仪由冻融感应器、数据采集器和集成机箱、本地终端组成。感应器和采集器担负土壤冻融状态的感应、观测数据的处理任务；集成机箱提供传感器的工作电源并与室内终端机的信息交互传输，如图 3.27 所示。

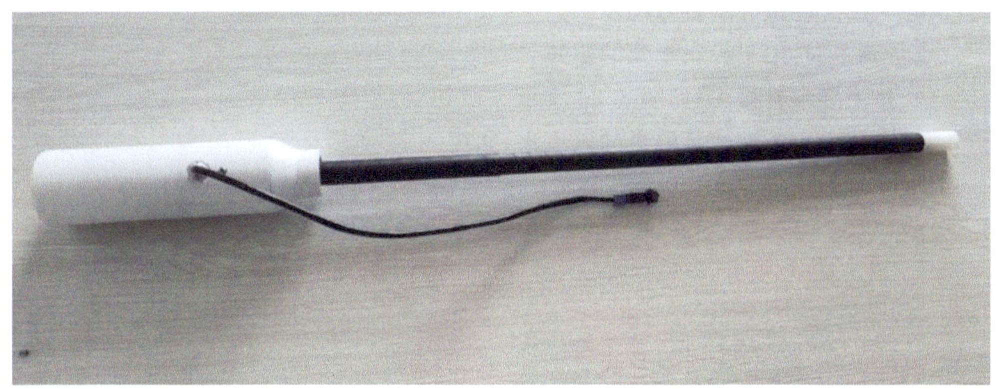

图 3.27　DTD3 型冻土自动观测仪

3.2.2.1　感应器

(1)感应电极

由 50～450 支不锈钢阵列电极组成，间隔 1 cm 设置。

(2)测量电路

感应器测量电路的电源为 50 Hz 交流电，避免了感应电极的被极化现象。

(3)温度检测

感应器在 0 cm 位置设置有高精度温度探头，用于采集器采样数据的分析和质量控制。

3.2.2.2　采集器

数据采集器位于冻土传感器顶端，主要负责冻融感应器电极选通、相邻两极间电压信号采集、0 cm 温度采样、冻融性质判定、数据质量控制、数据存储等任务，并负责与本地室内终端机的通信联系和数据传输。

3.2.2.3　集成机箱

DTD3 型冻土自动观测仪集成机箱位于冻土观测场地，为冻土自动观测仪数据采集器提供 AC 220 V/DC 12 V 工作电源，保持 DC 12 V 蓄电池处于浮充状态。

3.2.2.4　注水调试

DTD3 型冻土自动观测仪的专用注水工具由注水袋、导水管、接头、水量调节阀等组成。

注水袋:用于承装感应器的灌注用水,用水须使用当地自来水。

导水管:用于将注水袋内的水向感应器输送。

接头:用于连接导水管与注水阀。

水量调节阀:用于控制水流的流速。

(1)接上导水管接头,如图 3.28 所示。

(2)在注水袋中灌注足够量的自来水,如图 3.29 所示。

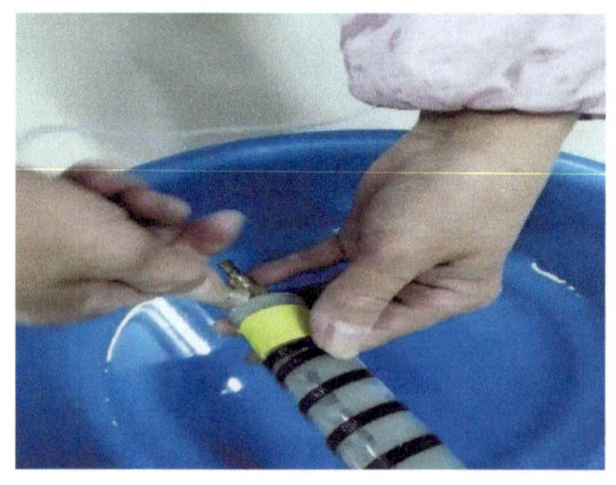

图 3.28　拧接上注水管接头

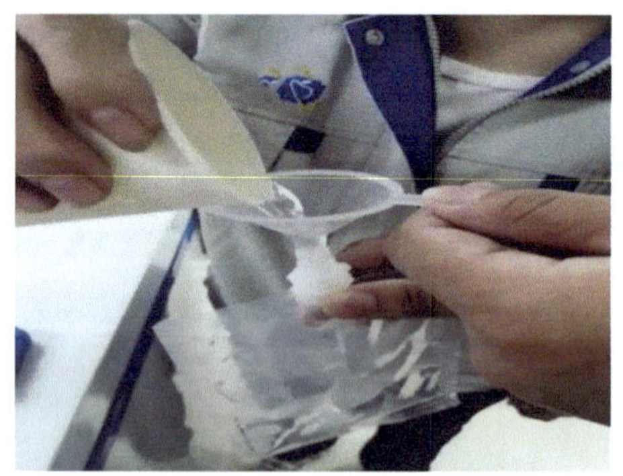

图 3.29　注水袋灌满自来水

(3)将注水袋与导水管连接,如图 3.30 所示。

(4)将注水袋抬高,到高于溢水孔位置,如图 3.31 所示。

(5)向上滚动水量调节阀,调整水流量,使水流缓慢注入感应器,直至上部溢水孔连贯、无气泡出水,如图 3.32 所示。

(6)关上注水阀开关,拧紧旋钮,如图 3.33 所示。

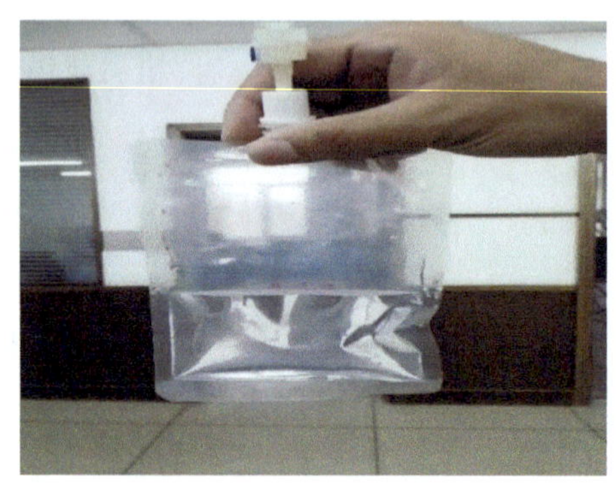

图 3.30　连接导水管与注水袋

图 3.31　抬高注水袋

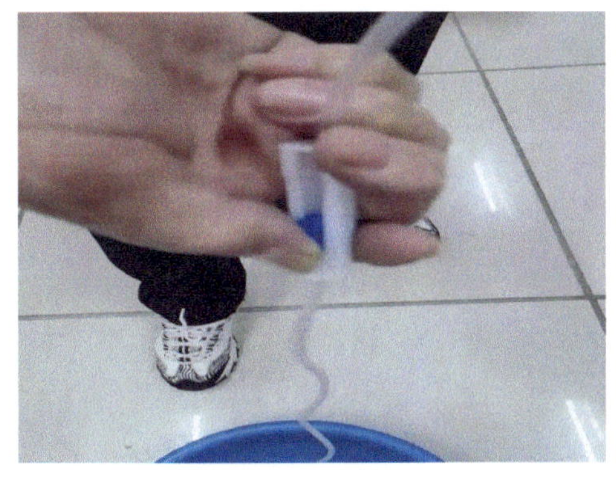

图 3.32　调节流速

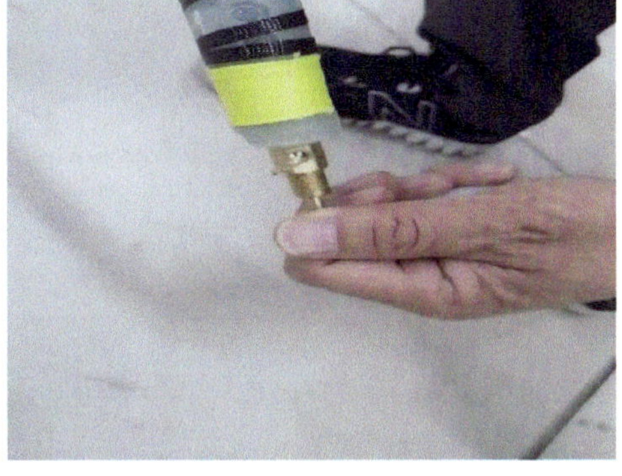

图 3.33　关上开关、拧紧旋钮

3.2.3　DTD4 型冻土自动观测仪

DTD4 型冻土自动观测仪采用测温式，根据水凝结成冰或冰融化成水的温度变化特性，结合冻融点确定算法，获得冻结层次和上、下限深度。

DTD4 型冻土自动观测仪由传感器部件与外围设备组成。外围设备包括机箱、立杆组件等。传感器部件由数据采集板、若干个 50 cm 测温单元、内外套管等组成，如图 3.34 所示。

3.2.3.1　安装方法

外套管采用分段式设计，现场安装时需组装在一起使用，在组装过程中需要在螺纹扣上涂抹适量的密封胶，起到连接处密封作用。

当台站冻土设备深度为 450 cm 时，分三段进行安装。在对应 80 cm 地温南侧 50 cm 处安装一根 150 cm 的外套管，在对应 160 cm 地温南侧 50 cm 处安装一根 300 cm 的外套管，在对应 320 cm 地温南侧 50 cm 处安装一根 450 cm 的外套管。将 0～150 cm、150～300 cm 和 300～450 cm 冻土传感器分别插入外套管中。

(1)150 cm 传感器安装

150 cm 冻土传感器的金属连接杆比较短，线缆前端为白色 3 芯接头；采集器部分一边为 7 芯航空插座，一边为 4 芯航空插座，标签上标注规格为 1.5 m 的是采集器部分，如图 3.35 所示。

将 10 m 150 cm 传感器线，通过 PVC 管穿到地沟中(PVC 管在传感器端应该露出地面 25 cm 并加弯头，尽量把少量的线暴露在外面)，然后从地沟穿到提前做好预埋水泥墩的一根 PVC 管中，并露出地面，为机箱接线做准备。

图 3.34 DTD4 型冻土自动观测仪

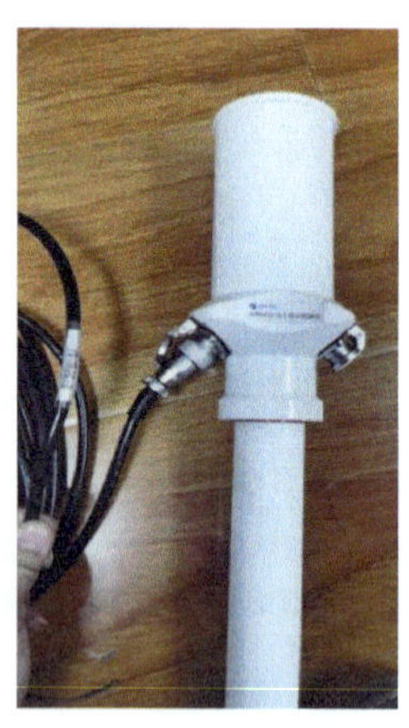

图 3.35 DTD4 型冻土自动观测仪 150 cm 传感器实物图

(2)300 cm 传感器级联安装

300 cm 冻土传感器由 2 根 73 cm 的金属杆和传感器组成,线缆前端为绿色 4 芯端子。300 cm 级联部分两端均为 4 芯航空插座,标签上标注规格为 3 m 级联部分。将 300 cm 传感器插到提前埋好的外套管内,黑色线和连接金属杆插入外套管时不能弯曲,并把黑色锁头拧紧,如图 3.36 所示。

将 1.8 m 级联线一端接到 1.5 m 冻土传感器采集器的 4 芯航空插座上,另一端接到 3 m 冻土传感器级联部件的任意一个 4 芯航空插座上。

(3)450 cm 传感器级联安装

450 cm 冻土传感器级联方式同 300 cm 冻土传感器。

3.2.3.2 调试

DTD4 型冻土自动观测仪采用 RS-422 模式输出,综合集成硬件控制器串口默认为 RS-232。北京华云东方探测技术有限公司生产的 DPZ1 型综合集成硬件控制器绿色端子 2～5 口分别对应信号线红、白、绿、黄,航天新气象科技有限公司生产的 ZQZ-PT1 型综合集成硬件控制器串口线棕、黄、橙、红分别对应信号线红、白、黄、绿。

(1)串口设置

打开综合集成硬件控制器“SMOPORTAdmin”驱动软件,点击“设备串口信息”可进入串口信息的查询与配置界面。通过下拉按钮选择需要查询或配置的串口号(选择冻土自动观测仪所接的串口对应的 COM 口),同样在“工作方式”一栏设置成“422 方式”,点击“设置当前串口”即可实现相应串口信息的更改,如图 3.37 所示。

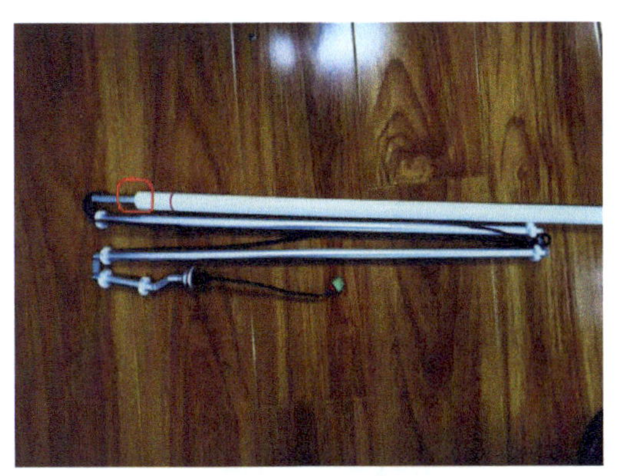
图 3.36　DTD4 型冻土自动观测仪 300 cm 传感器实物图

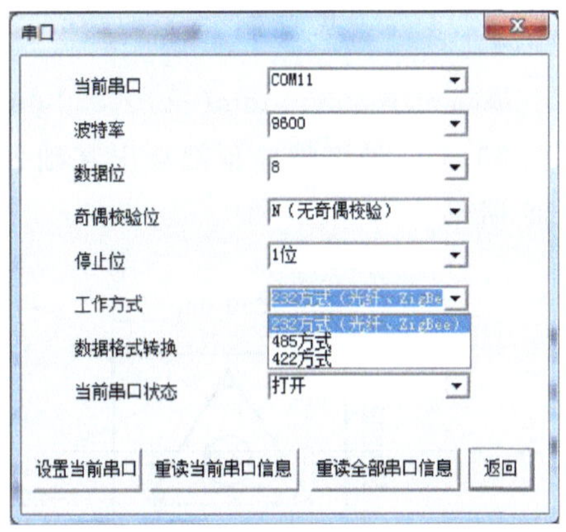

图 3.37　串口设置界面

(2)数据查看

打开串口调试助手，选择冻土自动观测仪对应 COM 口，波特率、数据位、校验位、停止位分别设置为 9600 bit/s、8、N、1，打开串口。

发送命令：READDATA ↙。

设备回复：冻土数据。

3.2.4　DTD5 型冻土自动观测仪

DTD5 型冻土自动观测仪由嵌入式软件和硬件两部分组成。硬件主要由传感器、数据采集器、供电单元和外围设备等组成，可接入综合集成硬件控制器，如图 3.38 所示。

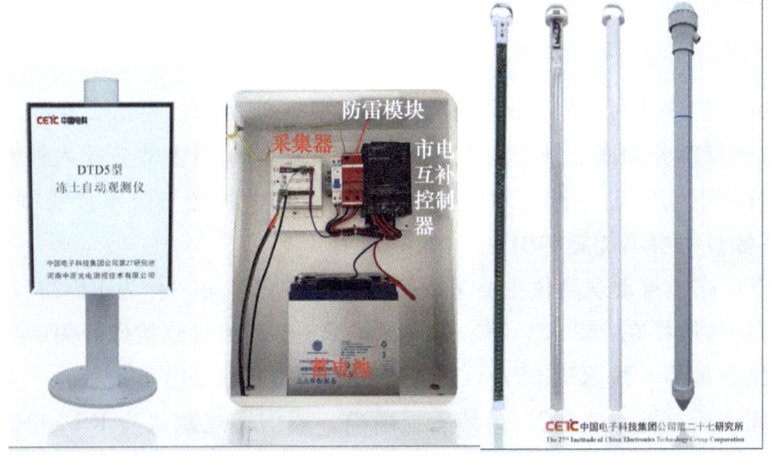

图 3.38　DTD5 型冻土自动观测仪

3.2.4.1 基础制作

基础大小为 350 mm(长)×350 mm(宽)×600 mm(深)，埋入地下 550 mm，高出地面 50 mm，地脚螺栓顶部高出基础表面约 5 mm，预埋件及螺钉位于设备箱，如图 3.39 所示。

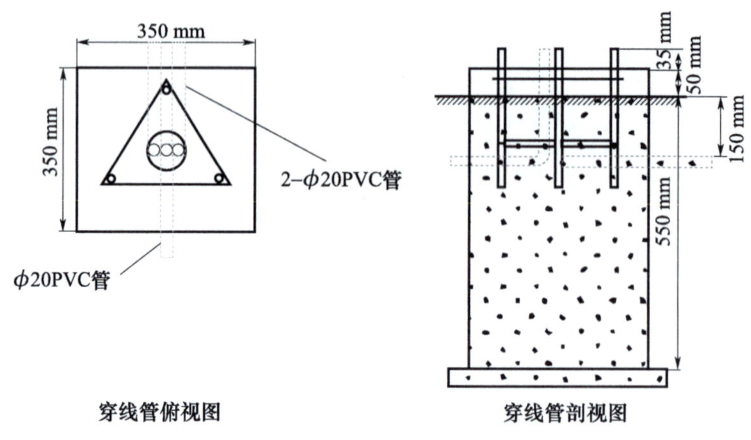

图 3.39 DTD5 型冻土自动观测仪基础制作图

3.2.4.2 注水方式

通过注射器向管内注射当地自来水，每注入 50 mL，轻轻敲打管壁，将管内气泡弹出，继续注水直至液位至最顶端 2 cm 处(水位上限)，密封好堵头即可。为减少蒸发，堵头需用备件包中的捆扎带扎紧。若水位下降到距测量点 2 cm 处(水位下限)时，传感器需要补水，如图 3.40 所示。

3.2.4.3 安装调试方法

安装冻土传感器时，150 cm 传感器可直接插入外套管。超出 150 cm 分段安装的传感器，测量部分和固定杆之间由钢丝连接，先将下端测量部分插入外套管，再用上端固定杆将下端固定杆推入最底部，安装时需注意线槽与防水接头框内位置对应，并且下插过程中不能旋转固定杆，如图 3.41 所示。

DTD5 型冻土自动观测仪主要采用三种通信方式。第一种为 RS-232，不进行模式设置，直接将线接在 232 口。第二种为 2 线 RS-485，将红色拨码开关(左侧)1 和 2 向上拨。第三种为 4 线 RS-485，将红色拨码开关(左侧)1 向上拨。

确认无误后打开空气开关，为传感器通电。通信模式默认为 RS-232，对应拨码开关位置及拨码方式如图 3.42 所示。

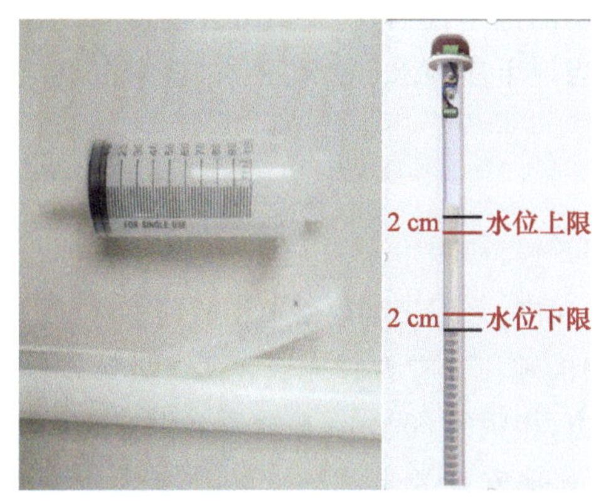

图 3.40　DTD5 型冻土自动观测仪注水图

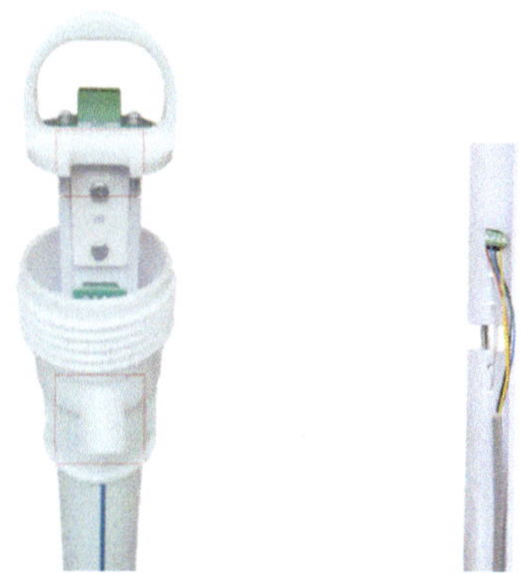

图 3.41　DTD5 型冻土自动观测仪设备级联图

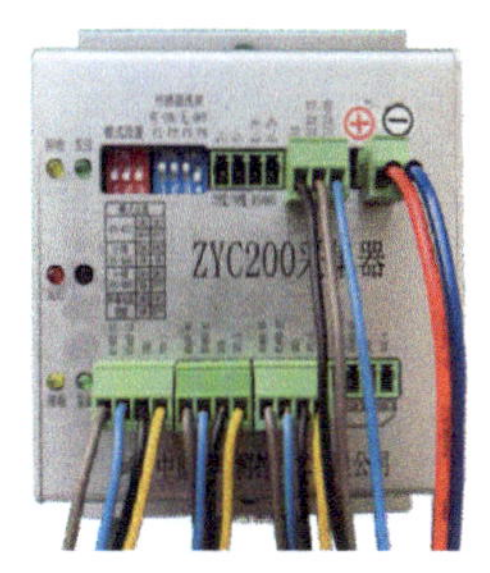
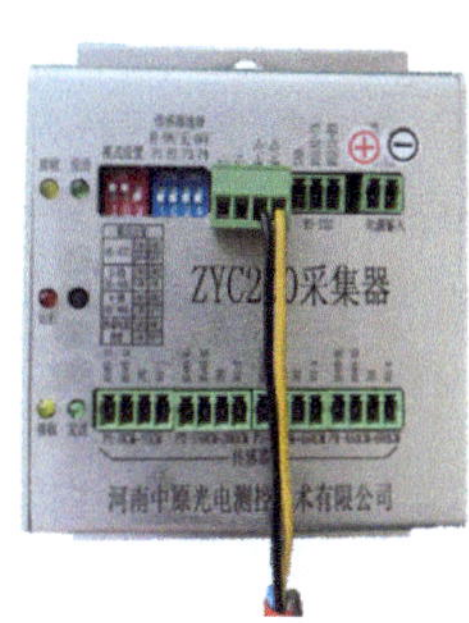
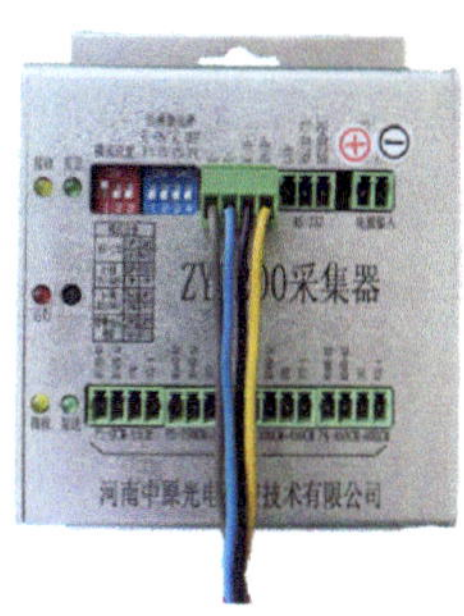

图 3.42　DTD5 型冻土自动观测仪不同接线方式

上电后，查看市电互补控制器运行灯是否正常闪烁。中间红色 LED 灯为运行指示灯，上电后闪烁，闪烁间隔为 1 s 左右。连接 RS-485 串口调试工具，向采集器发送“HELP”指令，观察第一行黄色指示灯是否闪烁，闪烁说明采集器接收到指令，同时观察绿色指示灯是否闪烁，闪烁说明采集器响应“HELP”指令返回相关内容。设置拨码后连接传感器，通过串口助手发送“READDATA”指令，观察第三行绿色指示灯是否闪烁，闪烁说明采集器向传感器发送读取数据指令成功，同时观察黄色指示灯是否闪烁，闪烁说明传感器向上发送数据成功。

3.3　冻土器的结构与原理

3.3.1　结构

冻土器由外套管和内管组成。外套管为一个标有 0 cm 刻度线的硬橡胶管；内管为一根有厘米刻度的橡皮管(管内有固定冰用的链子或铜丝、线绳),底端封闭,顶端与短金属管、木棒及铁盖相连。内管中灌注当地干净的水(河水、井水、自来水等)至0 cm刻度线处。

3.3.2 安装

气象站须根据当地可能出现的最大冻土深度,采用长度规格适用的冻土器。

冻土器应安装在观测场内有自然覆盖物的地段。有直管地温表的气象站,可安装在直管地温场中320 cm深层地温表的西边,相距约50 cm。外套管和内管的0 cm刻度线要平齐,并与地表在同一水平面上,其他安装要求和方法均与直管地温表相同。

冻土器安装不正确现象表现为内管0 cm高度位置不与地表面平齐,这会导致冻土器观测到的冻土深度数据失真。

(1)0 cm高度处于地表面之上时

当冻土器内管0 cm刻度线处于地表面之上时,观测到的冻结深度存在偏大的系统误差,并会造成近地表温度向内管过度传递。

(2)0 cm高度处于地表面之下时

当冻土器内管0 cm高度位置处于地表面之下时,观测到的冻结深度存在偏小的系统误差,并且地表面至2～12 cm高度的物质为木棒,其不具备对土壤冻融性质的感应、反映能力,这会造成相应深度冻土层的失测、缺测。

3.3.3 观测和记录

当地面温度降到0 ℃或以下,土壤开始冻结时,应在每日08时(尽量接近08时正点)观测一次冻土,直至次年土壤完全解冻为止。

观测时,一只手将冻土器的铁盖连同内管提起,另一只手摸测内管冰(包括冻结得不够坚实的冰柱)所在位置,从管壁刻度线上读出冰柱上、下两端的相应刻度数,即为这一冻结层的上、下限深度值,记入观测簿当天冻土深度栏。冻土深度观测完毕后,即将内管重新插入,并盖好盖子。

当遇有两个或以上冻结层时,应分别测定每个冻结层的上、下限深度,并按由下至上的顺序,依次记入观测簿冻土深度栏。冻土深度不足0.5 cm时,上、下限均记“0”。

当某次测到两个冻结层时,如上面一段冰柱在0～7 cm,下面一段冰柱在20～150 cm,中间段未冻结,则第一栏记下面一段冰柱的测定值,上限深度记“20”,下限深度记“150”；第二栏记上面一段冰柱的测定值，上限深度记“0”，下限深度记“7”。

当冻结层的下限深度超出最大刻度范围时，应记录最大刻度数字，并在数字前加记“>”符号，如“>×××”。待冻土期结束后，应换用更长规格的冻土器观测。

观测操作力求迅速，尽量勿使内管弯折。遇结冰不够坚实或气温较高时，尤须小心，尽量避免冰柱滑动或消融。

3.3.4　维护

(1)在土壤融化阶段，内管水体常处于半融化的酥软状态。人工摸测时，摸测的外力会影响或改变水体的形态；而且温度较高，被挤压的冰体形态很难再恢复到摸测前的水平；有时会造成冻结层滑动或冻结厚度增大，甚至会导致“冻土终日”异常提前或滞后。

(2)人工观测冻土器时，须在观测踏板上进行。没有观测踏板的台站须在冻土器北侧 20 cm 处设置一个不紧贴地面的、牢靠的非金属栅栏式踏板，并站在踏板上进行观测操作，以避免破坏冻土场地的下垫面。

(3)在冻土观测场地没有积雪的日子里，要定期检查冻土器外套管和冻土器外套管 0 cm 刻度线高度的一致性，当冻土自动观测数据与人工观测数据相差大于或等于 2 cm 时，应作好对比分析，做好设备维护工作。

第 4 章　仪器的维护维修方法

冻土自动观测仪一般在冻结前 2 个月完成设备的安装调试。如台站临近冻土期安装冻土自动观测仪，由于安装时间较短，土壤较松弛，经过一段时间的沉降，容易导致 0 cm 刻度线偏低。另有部分台站对地下岩石层采用开挖后填埋的方式安装，这会导致冻土自动观测仪外套管周围土壤密实度与冻土器外套管周围土壤密实度不同，使观测数据准确性降低。

4.1　DTD2 型冻土自动观测仪的维护维修方法

安装 DTD2 型冻土自动观测仪的台站，应定期进行综合巡检维护。

4.1.1　非冻土期检查维护内容

(1)冻土自动观测仪可断电停用，启用前需检测蓄电池电压。

(2)冻土期前 1 个月左右，对传感器进行全面检查与维护。查看外套管中有无积水、杂物，外套管与土壤接触是否紧密，传感器内管、外套管的 0 cm 刻度线与地面是否齐平等。如发现问题，应及时处理。

(3)冻土自动观测仪每 2 a 校准一次，必须在冻土期前 1 个月完成校准，并安装回原处等待启用。

(4)在冻土期前，需对电阻式冻土自动观测仪传感器内管进行冲洗和注水，水柱中避免余留气泡。冻土期结束后，将内管水放掉，并冲洗晾干回收放置或安装到原处。注意防止杂物等落入外套管内。

4.1.2　冻土期检查维护内容

(1)定期通过传感器状态灯查看设备运行、通信状态。

(2)定期查看设备各连接部分是否损坏或腐蚀，自然条件恶劣地区应缩短查看周期。如损坏或腐蚀，应及时进行处理、更换。

(3)每周检查供电设施，保证交流电、电源转换控制模块和蓄电池供电正常。定期对蓄电池进行充、放电。

(4)每年雷雨季前对防雷设施进行全面检查,复测接地电阻。

(5)设备故障时,及时进行维修或更换。

(6)传感器补水维护时,应错开正点并避免内管中留有气泡。

(7)传感器注水或补水一般每年进行一次,选择在入冬正式观测前 1 个月进行。

4.1.3　常见故障

(1)电源箱方面:接线头虚连,重新拧紧连接即可;地线未接入地网的要接地网。

(2)数据采集方面:数据缺测,通常是由于采集器和串口服务器通信不匹配,需更换采集器通信模块;继电器接口虚连,需重新插拔加固。

(3)安装方面:冻土自动观测仪 0 cm 刻度线与地面不平齐,回填土土质不均匀,避免采用开挖式而非打孔方式,土壤未经过长时间沉降。

4.2　其他型号冻土自动观测仪的维护维修方法

4.2.1　DTD1 型冻土自动观测仪的维护维修方法

(1)非冻土期检查维护内容

① 冻土观测前,应对传感器进行全面检查,查看外套管中有无积水;外套管与土壤接触是否紧密;0 cm 刻度线与地面是否齐平。如发现问题应及时处理。

② 冻土观测前,需检测蓄电池电压,如果市电互补控制器蓄电池指示灯绿色常亮,则蓄电池正常;绿色闪烁,则蓄电池充满;黄色常亮,则蓄电池欠压;红色常亮,则蓄电池过放,切断负载。

③ 冻土观测前应对其内管进行注水,水柱避免余留气泡,注水完成后在地面综合观测业务软件(ISOS)发送“INITR”命令返回＜T＞,表示初始化完成,然后发送“GETALLRES”命令,查看阻值、温度是否有异常。

④ 冻土期结束后,冻土传感器可断电停用,将内管水放掉,并冲洗晾干回收放置或安装回原处。注意操作过程中,防止杂物等落入外套管内。

(2)冻土期检查维护内容

① 定期通过状态指示灯查看设备运行、通信状态。

② 定期查看设备各连接部分是否损坏或腐蚀,自然条件恶劣地区应缩短查看周期。如损坏或腐蚀应及时进行处理、更换。

③ 每周检查供电设施,保证交流电、电源控制模块和蓄电池供电正常。

④ 每年雷雨季前对防雷设施进行全面检查,复测接地电阻。

⑤ 设备故障时,及时进行维修或更换。

⑥ 冻土自动观测仪故障、维修和数据处理等情况需要备注。

⑦ 冻土期内发现水位达到下限时,及时补水,如水位下降明显,及时进行维修或更换。

(3)数据缺测排查及解决办法

如果通过 ISOS 软件发现数据缺测或异常,应逐步进行故障原因排查,也可及时联系厂家远程协助排查。

① 电源检查:运行指示灯不亮。首先检查采集器电源端子、防雷模块、空气开关接线是否正确,连接是否松动;其次用万用表测量市电互补控制器输出电压(12 V),空气开关输入输出电压(220 V),若供电正常,则采集器故障,需更换。

② 程序运行检查:运行指示灯常亮但不闪烁,则采集器故障,需更换。

③ 通信检查:检查通信接线端子连接是否松动,重新插拔后,使用终端电脑通过 RS-232 接口与采集器通信。发送“DATETIME”命令,如果返回正确日期时间,则说明采集器正常,否则采集器故障。发送“READDATA”命令,如果返回数据帧中要素编码 z 的值为 0,则说明传感器正常,否则传感器故障,需更换。

(4)数据异常排查及解决办法

① 通过 ISOS 软件,选择“查询与处理”→“数据查询”→“分钟数据查询”,若发现数据异常,选择“设备管理”→“维护终端”,端口选择为冻土串口处理,发送“GETALLRES”指令查看测量的阻值。若某一层或某几层电阻值为 0,说明该层传感器故障,及时联系厂家更换。

② 传感器测量电极检测不到水,会导致阻值过大,引起观测数据异常。排查灌注的水是否在要求的上、下限范围内,若超出水位下限,及时补水。

4.2.2 DTD3 型冻土自动观测仪的维护维修方法

(1)0 cm 刻度线检查

在冻土观测场地没有积雪的日子里,要定期检查冻土器和冻土自动观测仪外套管 0 cm 刻度线是否都与地表面平齐,如出现土壤沉降等现象,应当及时调整。

若冻土器或冻土自动观测仪外套管 0 cm 刻度线与地表面高度差大于 1 cm,且外套管比较松动,可以小心地将外套管进行提升或压低,使 0 cm 刻度线与地表面平齐,之后将外套管四周土壤夯实加固,以防止其继续发生变化。

(2)运行状态检查

定时查看传感器运行状态指示灯，如确认失常，且尚未进入冻土期，则可使用已经过现场校准的冻土自动观测仪传感器做整体更换。

若故障发生在冻土期，且确认感应器正常，则只可更换采集器，不可更换感应器。

(3)防雷检测

每年雷雨季前对冻土自动观测仪配电箱的防雷设施进行全面检查，并复测接地电阻。

(4)通信状态检查

在室内通过软件窗口查看数据通信状态，如有中断或异常，须检查传输线路和采集器运行状态指示灯，根据故障情况进行紧急处理。

(5)数据质量检查

随时在室内通过 ISOS 软件窗口查看下载、存储的冻土自动观测仪观测数据的质量，如发生缺测或数据异常等，需及时进行检查、处理。

(6)水量状态监控

当室内综合监控系统发出"冻土自动观测仪缺水警报"后，须避开正点前后10 min，及时按照规定向内管补充注入当地自来水。

(7)供电检测

每周检查供电设施，保证交流电、电源转换控制模块和蓄电池供电正常。

(8)发现其他有关设备故障时及时进行维修或更换

非冻土期和冻土期检查维护内容同 DTD2 型冻土自动观测仪。

4.2.3　DTD4 型冻土自动观测仪的维护维修方法

(1)入冬前检查

全面检查冻土自动观测仪运行情况，包括设备供电情况。查看外套管 0 cm 刻度线与地面是否平齐。

(2)越冬期定期检查

每周检查设备运行情况、电源供电情况、外套管 0 cm 刻度线是否与地面平齐等，并及时进行调整。设备故障时，应及时联系厂家或更换备份传感器。

入冬前对冻土自动观测仪进行检查和维护，以保证冻土自动观测仪进入正常工作状态。

① 外套管应竖直安装，0 cm 刻度线应与地表面平齐，与土壤紧密接触，管中无积水。

② 冻土自动观测仪供电正常，安装稳定。

③ 查看通信和电源线缆接头等部位是否出现脱落和松动现象。

(3)通过状态信息分析问题原因

① 冻土传感器的工作状态异常：

a. 检查传感器内部接线和插头是否接牢固；

b. 检查传感器外套管和内管是否有进水迹象；

c. 可通过给设备发送"AUTOCHECK"查看原因；

d. 可通过给设备发送"读取当前温度数据"查看原因，发送：RDTMP,2022-12-16,08:00:00,2022-12-16,08:00:00(注意时间要改成需要查看的时间)。

② 冻土传感器主板电压状态：需要检查供电情况。

③ 冻土传感器主板温度状态：需要检查采集板工作是否正常。

(4)ISOS 软件无数据显示检查

① 检查冻土自动观测仪的交流供电和直流供电是否正常。

② 检查所有线缆连接是否牢固，如机箱到串口服务器的线、测量仪到机箱的线、测量仪之间的级联线、航空插头安装是否牢固。

③ 检查测量仪的采集板指示灯状态是否正常(可参照指示灯说明判断)。

④ 用电脑和串口线在串口服务端 4 芯线测试测量仪设备是否数据正常，如果数据传输正常，说明串口服务器传输有问题。

4.2.4 DTD5 型冻土自动观测仪的维护维修方法

(1)电源检查

上电后观察红色运行指示灯是否持续闪烁，如果不亮，检查采集器主机板的电源端子是否连接松动，接线是否可靠，拔掉重新接线，插上电源端子，如果还不能启动，用万用表测量输入电压是否为 12 V，如果电压在 12 V 左右且稳定，则检查供电正常空气开关端子电压是否为 220 V，若电压不正常，则检查电源箱接线及电源线是否断路，如电压正常，则说明主机板故障，需更换主机板。

(2)程序运行检查

运行指示灯是否正常闪烁，如不闪烁或常亮，则可以尝试断电重启或用"clear"命令将其初始化，若还不能正常运行，需联系厂家更换(初始化会清空采集器保存的数据，相关参数需重新设置)。

(3)采集器通信检查

使用调试软件通过 RS-485 或 RS-232 接口与采集器通信，进行读时钟操作，如果连续读时钟正常，日期也正确，则说明采集器正常，需进入下一步传感器检查。

(4)传感器工作状态检测

① 通过查看地面综合观测业务软件冻土状态信息表，确认故障传感器及故障类型。

② 若状态码为2，则进行接线端子检查，检查RS-485线路是否损坏，与采集器主板连接是否松动，重新插拔后，用调试软件测试传感器是否能正常采集。

(5)传感器故障

如果确认线路正常，且仍无法正常采集，确认拨码开关是否正确，并重新上电，输入命令初始化设备。若传感器仍无法采集，则传感器故障，联系厂家更换。

(6)传感器数据准确性问题

传感器某一层出现问题，将直接导致该层对应的数据出现错误或异常。例如，在没有冻土的情况下，某一层突然出现冻土，现场观察实际情况无冻土。使用调试软件进行数据监视，通过串口助手发送“GETALLRES”指令，观察每层电阻值。若某一层或某几层电阻值对应为0，或极大，说明该层传感器可能已经损坏或无法正常工作，需联系厂家更换。

部件之间、器件之间连线错误或损坏，同样会产生故障，需要按正确顺序连接，或更换损坏的连接。同时要保证胶管内水分充足，水分缺失会导致缺失部分阻值过大，会误判为冻结，需用配备的注射器按规定补充水分。

其他可能出现的问题见表4.1。

表4.1　设备故障列表

问题类型	故障	解决办法
通信问题	通信失败	紧固串口、检查通信线路
传感器异常	某层或所有层数据异常	利用调试软件调试，判断具体原因后再处理，需保证胶管内水分充足
采集器电池耗尽	断电后设备相关设置还原	联系厂家邮寄新电池
其他问题	没有数据显示	更正连接，确认供电是否正常
市电控制器问题	无输出电压或输出电压低	按照采集器、蓄电池、220 V市电的顺序重新接线
防雷模块处接线松动	市电有输出，但采集器端无电压	在防雷模块处重新接线，将两根线紧密压在一起

4.3　冻土器的维护维修方法

(1)当内管水量不足时，及时加水。但不能在临近观测前加水，以免水温偏高影响记录。内管灌水时，应注意不能使水柱中余留气泡。

(2)注意内管是否漏水，管里的链子(铜丝或线绳)是否牢固，若有漏水或不牢固，应及时修复。

(3)勿使降水和其他物体落入外套管内，否则应及时清除。

(4)每年使用冻土器前，应注意检查内管、外套管的0 cm刻度线与地面是否齐平。若产生位移，应在土壤冻结前调整好。冻土期结束后，应将内管的水放掉、晾干，收回室内妥善保管；外套管口用不渗水的物品包扎牢。

(5)在冻结较深的地区，为提取内管和观测的方便，可在靠近冻土器的东北侧设一吊架，供观测时提取内管用。

第5章　冻土自动观测数据文件格式

冻土自动观测数据文件包括分钟数据文件和状态信息文件。

5.1　分钟数据文件

5.1.1　文件名

分钟数据文件名为：IIiii_frozensoil_value_yyyyMMDD.txt。其中，IIiii为区站号，frozensoil表示冻土观测设备，value表示观测要素数据文件，yyyy为年份，MM为月份，DD为日期。月份和日期不足2位时，前面补"0"。txt为固定编码，表示此文件为ASCII(美国标准信息交换代码)格式。

5.1.2　文件形成

(1)冻土分钟数据文件由地面综合观测业务软件自动生成，每站每日一个，采用定长的随机文件记录方式写入，用回车换行结束，以ASCII字符写入，参数行每个要素值高位不足补空格，记录行每个要素高位不足补"0"。

(2)冻土分钟数据文件初始化的过程：检测分钟冻土数据文件是否存在，如无该日冻土数据文件，则生成该文件，要素位置一律存储相应长度的"－"字符(即减号)。

(3)冻土分钟数据文件按北京时记录，以20时为日界，即从当日20时01分开始，至次日20时结束。

(4)要素值缺测时，每1位用半角字符"/"填充；无要素值(设备未输出该值)时，每1位用半角字符"－"表示。

5.1.3　文件内容

(1)冻土分钟数据文件的第1条记录为本站基本参数，格式见表5.1。

表 5.1 冻土分钟数据文件基本参数行格式

序号	参数	字节长度/Byte	序号	参数	字节长度/Byte
1	区站号	6	8	气压传感器海拔高度	5
2	年	4	9	服务类型	2
3	月	2	10	设备标识位	4
4	日	2	11	设备 ID	3
5	经度	8	12	保留	33
6	纬度	7	13	回车换行	2
7	观测场海拔高度	5			

注:①区站号由 6 位组成,在 5 位区站号前加数字“8”,形成 6 位区站号。

②经度和纬度按度、分、秒存入,最后 1 位为东、西经度标识或南、北纬度标识;经度的度为 3 位,分和秒均为 2 位,高位不足补“0”;东经标识“E”,西经标识“W”;纬度的度、分和秒均为 2 位,高位不足补“0”,北纬标识为“N”,南纬标识为“S”。

③观测场海拔高度、气压传感器海拔高度保留 1 位小数,原值扩大 10 倍存入。

④服务类型:00 代表基准站,01 代表基本站,02 代表一般站,03 代表区域气象站……

⑤设备标识位:冻土自动观测仪 YSFS。

⑥设备 ID:用于区分同一个区站号中同类设备,ID 从 000 开始顺序编号,有多个设备时,服务类型以 ID 为 000 的设备观测为准;当 000 出现故障时,使用 001 设备的数据,以此类推。

⑦保留位均用“-”填充。

⑧根据业务需要,《地面气象观测数据对象字典》规定的服务类型需做调整时,冻土自动观测仪中的服务类型同步调整。

(2)冻土分钟数据文件每分钟 1 条记录,每小时 60 条记录。记录号的计算方法如下。

$$当\ H>20\ 时,N=(H-20)\times 60+M+1$$

$$当\ H\leqslant 20\ 时,N=(H+4)\times 60+M+1$$

式中:N 为记录号,H 为北京时,M 为分钟。

(3)冻土分钟数据文件中第 1 条后的每条记录,存入北京时、八层要素的分钟值、小时极值、极值出现时间和对应的数据质量控制标志,以 ASCII 字符写入,冻土深度均为 3 Byte,时间均为 4 Byte,每条记录 81 Byte,最后 2 位为回车换行符,内容和排列顺序见表 5.2。

表 5.2 冻土分钟数据文件各要素字节长度及排列顺序

序号	要素名称	字节长度/Byte	序号	要素名称	字节长度/Byte
1	时分(北京时)	4	12	分钟冻土第六层上限	3
2	分钟冻土第一层上限	3	13	分钟冻土第六层下限	3

续表

序号	要素名称	字节长度/Byte	序号	要素名称	字节长度/Byte
3	分钟冻土第一层下限	3	14	分钟冻土第七层上限	3
4	分钟冻土第二层上限	3	15	分钟冻土第七层下限	3
5	分钟冻土第二层下限	3	16	分钟冻土第八层上限	3
6	分钟冻土第三层上限	3	17	分钟冻土第八层下限	3
7	分钟冻土第三层下限	3	18	小时冻土最大冻结层上限	3
8	分钟冻土第四层上限	3	19	小时冻土最大冻结层下限	3
9	分钟冻土第四层下限	3	20	小时冻土最大冻结层出现时间(时分)	4
10	分钟冻土第五层上限	3	21	数据质量控制标志	19
11	分钟冻土第五层下限	3	22	回车换行	2

注:①冻土上限或下限单位为“cm”,高位不足补“0”。

②时、分均为 2 位,高位不足补“0”。

③若要素缺测,除有特殊规定外,均应按约定的字节长度,每个字节位均存入一个“/”字符;无传感器或停用时,相应位置仍保持“-”字符。

5.1.4　BUFR 冻土数据

每小时正点 00 分采样数据按规定的格式写入小时地面气象要素数据文件中,同步保存到地面小时 BUFR 格式数据文件上传。

5.2　状态信息文件

5.2.1　文件名

状态信息文件名:IIiii_frozensoil_state_YYYYMMDD.txt。其中,IIiii 为区站号,frozensoil 表示冻土观测设备,state 表示状态信息文件,YYYY 为年份,MM 为月份,DD 为日期。月份和日期不足 2 位时,前面补“0”。txt 为固定编码,表示此文件为 ASCII 格式。

5.2.2　文件形成

(1)冻土状态信息文件每日一个,采用定长的随机文件记录方式写入,每条记录

54 Byte，记录结束符用回车换行结束，以 ASCII 字符写入，参数行每个要素值高位不足补空格。

（2）文件第一次生成时应进行初始化，初始化的过程：检测冻土状态信息文件是否存在，如无该日冻土状态信息文件，则生成该文件，要素位置一律保存相应长度的“－”字符（即减号）。

（3）冻土状态信息文件按北京时记录，以 20 时为日界。

5.2.3 文件内容

（1）冻土状态信息文件的第 1 条记录为本站基本参数，基本参数行格式见表 5.3。

表 5.3 冻土状态信息文件基本参数行格式

序号	参数	字节长度/Byte	序号	参数	字节长度/Byte
1	区站号	6	8	气压传感器海拔高度	5
2	年	4	9	服务类型	2
3	月	2	10	设备标识位	4
4	日	2	11	设备 ID	3
5	经度	8	12	保留	6
6	纬度	7	13	回车换行	2
7	观测场海拔高度	5			

注：同表 5.1。

（2）冻土状态信息文件每分钟 1 条记录，每小时 60 条记录。记录号的计算方法如下。

$$当\ H>20\ 时，N=(H-20)\times 60+M+1$$

$$当\ H\leqslant 20\ 时，N=(H+4)\times 60+M+1$$

式中：N 为记录号，H 为北京时，M 为分钟。

（3）冻土状态信息文件中第 1 条后的每条记录，存入状态信息的分钟值，以 ASCII 字符写入，每条记录 54 Byte，各状态字节长度及排列顺序见表 5.4。

表 5.4 冻土状态信息文件中状态字节长度及排列顺序

序号	状态名	字节长度/Byte	序号	状态名	字节长度/Byte
1	时分（北京时）	4	10	0～150 cm 传感器主板温度状态	1
2	设备自检状态	1	11	150～300 cm 传感器主板温度状态	1
3	0～150 cm 传感器工作状态	1	12	300～450 cm 传感器主板温度状态	1

续表

序号	状态名	字节长度/Byte	序号	状态名	字节长度/Byte
4	150～300 cm 传感器工作状态	1	13	设备采集器到综合集成硬件控制器或 PC 终端连接的通信状态	1
5	300～450 cm 传感器工作状态	1	14	RS-232/RS-485/RS-422 状态	1
6	0～150 cm 传感器主板电压状态	1	15	采集器运行状态	1
7	150～300 cm 传感器主板电压状态	1	16	外存储卡状态	1
8	300～450 cm 传感器主板电压状态	1	17	保留位	35
9	蓄电池电压状态	1	18	回车换行	2

注：无传感器或停用时，相应位置保持“—”字符。

5.2.4　状态信息传输

冻土设备状态信息按规定的格式写入自动站运行状态和设备信息“XML”文件后上传。

第6章 冻土平行观测

当人工观测改为自动观测时，为了解两种观测方式获取的资料序列差异，必须进行平行观测。

6.1 平行观测时段

平行观测分为两个阶段，第一阶段以人工观测数据为准，自动观测数据为辅；第二阶段以自动观测数据为准，人工观测数据为辅。按要求通过 ISOS 进行参数设置、数据存储及传输等。

6.2 观测内容

冻土平行观测期间，人工观测与自动观测的内容如下。

人工观测：土壤冻结层次和冻结上、下限深度，观测方法和时间按照《地面气象观测规范》的要求执行。

自动观测：土壤冻结层次和冻结上、下限深度，小时最大冻土层上、下限深度及出现时间。观测数据输出频次为 1 次/min。

6.3 平行观测设备维护要求

冻土自动观测仪应具备气象专用技术装备使用许可证，建设安装应符合《冻土自动观测仪建设技术方案》的要求，并通过省级业务管理部门验收后开展平行观测工作。

按规定做好冻土自动观测仪的日常维护，保证其正常运行。冻土自动观测仪发生故障时，应及时排除，并按要求做好相关记录和填报工作。

6.4 平行观测数据传输要求

平行观测软件对冻土自动观测数据和人工观测数据进行格式整编，均写入冻土观测数据整编文件。每月 1 日 03 时自动生成并上传上月冻土观测数据整编文件及自动观测分钟数据 zip 格式压缩文件，如文件自动上传不成功，应在当月 1 日 10 时前补传。

6.5　数据分析和归档

每个阶段平行观测期满后，各省（区、市）气象局负责组织完成冻土平行观测数据的每个站点的对比分析，1 个月内将本省（区、市）冻土平行观测评估报告报送中国气象局综合观测司。

各省（区、市）冻土平行观测数据统一由国家气象信息中心进行归档。

6.6　长期保留人工观测的台站

为了保持观测方法和观测手段的延续性，张北、长春、寿县、格尔木、银川和阿勒泰 6 个台站需长期保留冻土人工观测。

6.7　软件参数设置及数据存储、传输要求

为保障冻土平行观测工作顺利开展，现就地面综合观测业务软件、平行观测软件参数设置、数据存储及传输等提出如下要求。

6.7.1　通信参数设置

冻土自动观测仪通过 RS-485/RS-232/RS-422 通信方式，与综合集成硬件控制器连接，通信参数要求：波特率为 9600 bit/s，数据位为 8，停止位为 1，无校验。

6.7.2　软件参数设置

（1）ISOS 软件挂接参数设置

点击“参数设置”下拉菜单，选中“观测项目挂接设置”，勾选“/冻土”。

（2）ISOS 软件台站参数设置

① 平行观测第一阶段

打开“参数设置”→“自定项目参数”标签页，不勾选“平行观测项目自动编发设置”中的“冻土”复选框。

打开"参数设置"→"台站参数"标签页,"自定项目参数"中的"冻土"选项设置为"无"。

② 平行观测第二阶段

打开"参数设置"→"自定项目参数"标签页,勾选"平行观测项目自动编发设置"中的"冻土"复选框。

6.7.3 平行观测业务软件参数设置

冻土平行观测上传数据文件由"平行观测业务软件"自动生成。

6.7.4 文件存储格式

冻土自动观测分钟数据文件、冻土自动观测分钟数据 zip 格式压缩上传文件、冻土对比观测数据整编文件、地面气象要素数据文件的文件名和存储位置见表 6.1。

表 6.1 平行观测期间冻土观测数据文件

文件	文件名	存储位置	备注
冻土自动观测分钟数据文件	IIiii_frozensoil_value_YYYYMMDD. txt	…\AWS\frozensoil\设备(质控/订正)\value\minute\	存档
冻土自动观测分钟数据 zip 格式压缩上传文件	Z_SURF_I_IIiii_YYYYMMDDHHmmss_O_frozensoil-value-YYYYMM[-CCx]. txt[. zip]	文件上传临时存放路径:…\bin\Awsnet\frozensoil\ 文件上传后存放路径:…\bin\Awsnet\YYYYMM\	平行观测期间上传,用于对比分析
冻土对比观测数据整编文件	Z_SURF_I_IIiii_YYYYMMddhhmmss_O_frozensoil-TEMP-YYYYMM[-CCx]. txt		
地面气象要素数据文件	Z_SURF_I_IIiii_YYYYMMDDHHmmss_O_AWS_FTM[-CCx]. txt	…\bin\Awsnet\YYYYMM\	平行观测第一阶段保存人工观测数据,第二阶段保存自动观测数据

注:平行观测第一阶段,08 时地面气象要素数据文件和 BUFR 格式数据文件保存冻土人工观测数据;平行观测第二阶段起,每小时地面气象要素数据文件和 BUFR 格式数据文件保存冻土自动观测数据。

6.7.5　冻土观测数据整编文件格式规定

(1)冻土观测数据整编文件名

冻土观测数据整编文件名为:Z_SURF_I_IIiii_YYYYMMDDHHmmss_O_frozensoil-TEMP-YYYYMM[-CCx].txt。其中,Z为固定代码,表示文件为国内交换的资料;SURF为固定代码,表示地面观测资料;I为固定代码,指示其后字段代码为测站区站号;IIiii为区站号;YYYYMMDDHHmmss为文件生成的时间(世界时),位数不足高位补"0";O为固定代码,表示文件为观测类资料;frozensoil－TEMP为固定编码,表示此文件为冻土观测数据整编临时传输文件;YYYYMM为冻土观测数据整编文件时间,月份位数不足,高位补"0";CCx为数据更正标识,可选标志,对某测站(由IIiii指示)已发观测数据进行更正时,文件名中必须包含资料更正标识字段,CCx中CC为固定代码,x取值为A～X,x＝A时表示对该站某次观测的第一次更正,x＝B时表示对该站某次观测的第二次更正,以此类推,直至x＝X;txt为固定代码,表示文件为文本文件。

(2)冻土观测数据整编文件格式

IIiii QQQQQQ LLLLLLL $H_1H_1H_1H_1H_1$ $H_2H_2H_2H_2H_2$ YYYY MM CCx

AA

ATAa ATAc ATBa ATBc ATCa ATCc ATDa ATDc ATEa ATEc ATFa ATFc ATGa ATGc ATHa ATHc ATIa ATIc ATIb,.

ATAa ATAc ATBa ATBc ATCa ATCc ATDa ATDc ATEa ATEc ATFa ATFc ATGa ATGc ATHa ATHc ATIa ATIc ATIb,.

…

ATaa ATac ATba ATbc ATca ATcc ATda ATdc ATea ATec ATfa ATfc ATga ATgc ATha AThc ATia ATic,.＝

AM

ATaa ATac ATba ATbc ATca ATcc ATda ATdc ATea ATec ATfa ATfc ATga ATgc ATha AThc,.

ATaa ATac ATba ATbc ATca ATcc ATda ATdc ATea ATec ATfa ATfc ATga ATgc ATha AThc,.

…

ATaa ATac ATba ATbc ATca ATcc ATda ATdc ATea ATec ATfa ATfc ATga ATgc ATha AThc,.＝

??????

台站基本信息共7组,每组用1个半角空格分隔,见表6.2。

表6.2 整编文件各要素排序及说明

序号		要素	单位	字节长度/Byte	说明
1测站基本信息段	1.1	区站号(IIiii)		5	5位数字,II为区号,iii为站号
	1.2	纬度(QQQQQQ)		6	按度、分、秒记录,均为2位,高位不足补"0";台站纬度未精确到秒时,秒固定记录00
	1.3	经度(LLLLLLL)		7	按度、分、秒记录,度为3位,分、秒为2位,高位不足补"0";台站经度未精确到秒时,秒固定记录00
	1.4	观测场海拔高度 $(H_1H_1H_1H_1H_1)$	0.1 m	5	保留1位小数,扩大10倍记录,高位不足补"0";若低于海平面,首位存入"-"
	1.5	气压传感器海拔高度 $(H_2H_2H_2H_2H_2)$	0.1 m	5	保留1位小数,扩大10倍记录,高位不足补"0";无气压传感器时,录入"/////";若低于海平面,首位存入"-"
	1.6	观测年份(YYYY)		4	年份,由4位组成
	1.7	观测月份(MM)		2	月份,由2位组成,位数不足,高位补"0"
	1.8	文件更正标识(CCx)		3	为非更正数据时,固定编报000;为测站更正数据时,第1份更正文件为CCA,第2份更正文件为CCB,以此类推
2自动观测冻土数据段(标识符:AA)	2.1	冻土深度上限(ATAa…ATHa)		3	07时55分一至八层冻土自动观测上限值(自下而上记录)
	2.2	冻土深度下限(ATAc…ATHc)		3	07时55分一至八层冻土自动观测下限值(自下而上记录)
	2.3	日最大冻土深度上限(ATIa)		3	冻土自动观测日最大冻结深度上限值
	2.4	日最大冻土深度下限(ATIc)		3	冻土自动观测日最大冻结深度下限值
	2.5	日最大冻土深度出现时间(ATIb)		4	时分,高位不足补"0"
3人工观测冻土数据段(标识符:AM)	3.1	冻土深度上限(ATaa…ATha)		3	08时(07时55分观测)人工观测冻土深度一至八层上限值
	3.2	冻土深度下限(ATac…AThc)		3	08时(07时55分观测)人工观测冻土深度一至八层下限值

续表

序号		要素	单位	字节长度/Byte	说明
4月观测数据结束符					??????

6.7.6　冻土平行观测数据传输要求

为获取两种观测方式的资料序列和开展冻土平行观测数据对比分析工作，平行观测期间需通过国内气象通信系统（CTS），将“冻土自动观测分钟数据zip格式压缩上传文件”“冻土观测数据整编文件”上传。

6.7.7　ISOS软件通信参数设置

冻土平行观测数据FTP服务器地址、用户名、密码由各省（区、市）自行设置。

6.8　平行观测软件

6.8.1　软件升级安装

安装时，双击“平行观测软件_Ver2.0.1.0.exe”安装包，弹出“安装向导”对话框，点击“下一步”，如图6.1所示。

根据需要，选择平行观测软件安装路径，软件默认安装路径为“C:\Program Files (x86)\平行观测软件”，如图6.2所示。

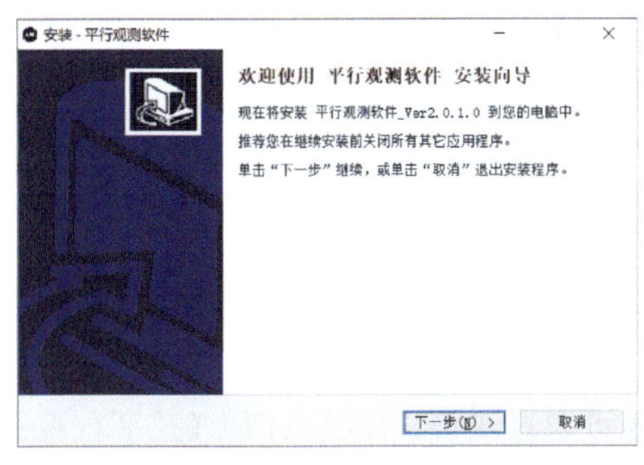

图6.1　安装向导

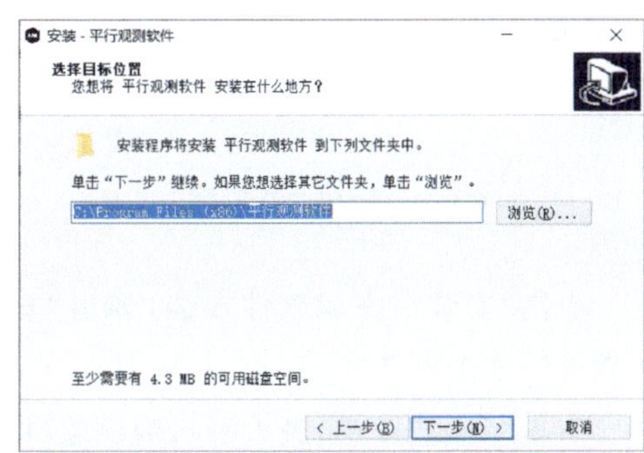

图6.2　安装路径选择

建议将安装路径更改为“D:\平行观测软件”，如图 6.3 所示。

点击“下一步”，选择“开始菜单文件夹”或勾选“不创建开始菜单文件夹(D)”，如图 6.4 所示。

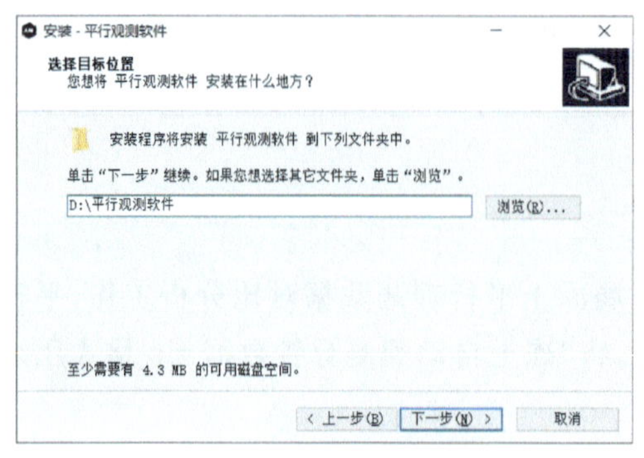

图 6.3　安装路径更改

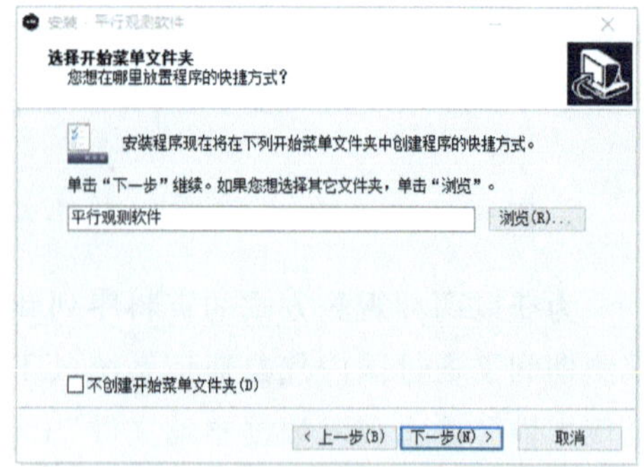

图 6.4　开始菜单文件夹创建

若勾选“不创建开始菜单文件夹(D)”，将不创建开始菜单文件夹，“开始菜单文件夹”选择框灰显；根据需要选择是否勾选后，直接点击“下一步”。选择是否“创建快速运行栏快捷方式”，如图 6.5 所示。

点击“下一步”，弹出安装对话框，如图 6.6 所示。

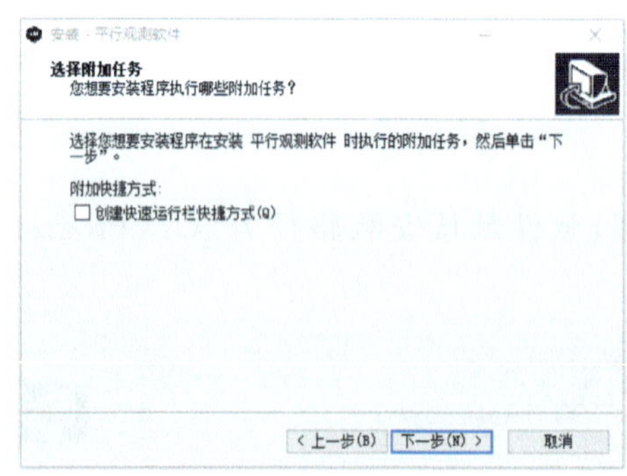

图 6.5　快捷方式生成

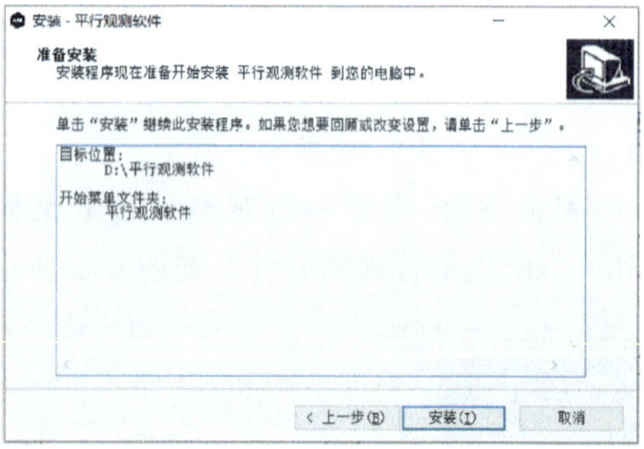

图 6.6　安装完成界面

点击“安装”，完成软件安装，弹出“安装向导完成”界面，默认勾选“运行平行观测软件”，如图 6.7 所示。

点击“完成”按钮，进入平行观测软件(也可通过双击计算机桌面上的“平行观测软件”快捷键，或点击“开始”菜单“平行观测软件”快捷键，打开平行观测软件)，如图 6.8 所示。

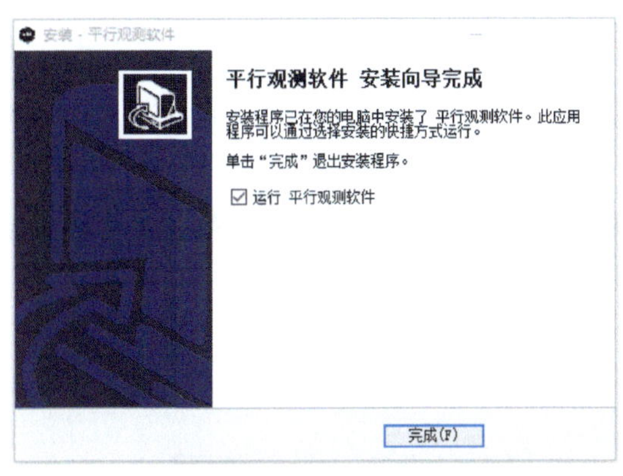

图 6.7　软件运行界面

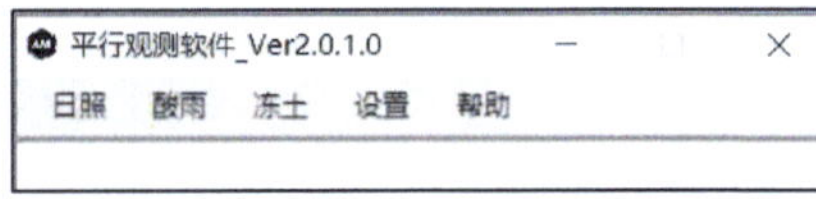

图 6.8　平行观测软件主界面

6.8.2　参数设置

(1)平行观测软件参数设置

①“台站基本参数”设置

打开“设置”标签页，在“台站基本参数”框设置区站号、纬度、经度、观测场海拔高度(以米为单位，取 1 位小数)和气压传感器海拔高度(以米为单位，取 1 位小数)，如图 6.9 所示。

图 6.9　参数设置界面

②“ISOS 软件安装路径”设置

本地设置框中，“ISOS 软件安装路径”是指 ISOS 软件安装目录(默认安装路径为“D:\ISOS”)，可浏览查找或手动输入。如 ISOS 软件安装在“D:\ISOS”目录下，则不进行修改。

③ 平行观测项目设置

本地设置框中，包括“日照”“酸雨”和“冻土”3 个平行观测项目，默认勾选。开展某项目平行观测时，需勾选该项目。

默认 3 个平行观测项目全部勾选，如未开展某项目平行观测时，需去掉相应项目的勾选。例如，只开展冻土平行观测，则不勾选“日照”和“酸雨”，如图 6.10 所示。

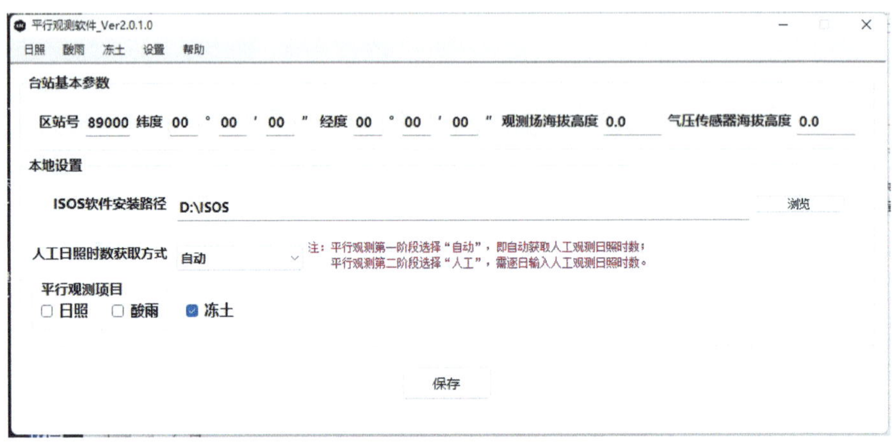

图 6.10 平行观测项目选择界面

参数设置完成后，点击“保存”按钮，将参数保存入库，弹出“保存成功”对话框，如图 6.11 所示。

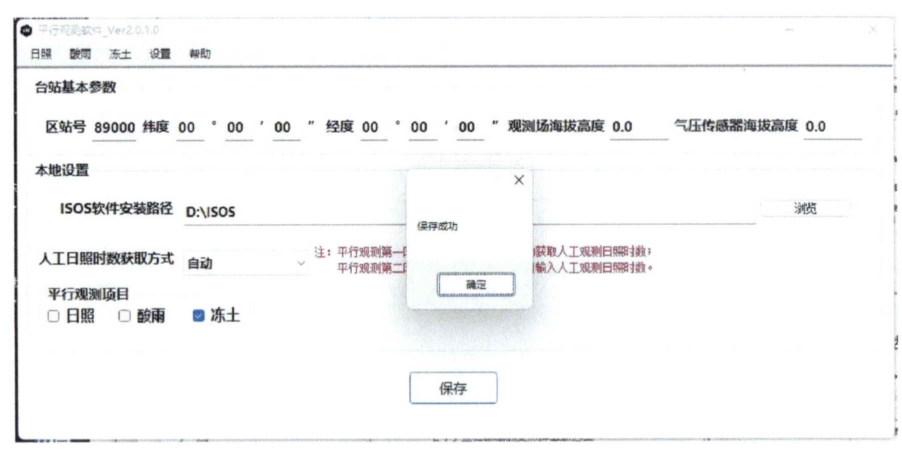

图 6.11 参数保存界面

点击标题栏“×”按钮，弹出“请确保‘平行观测软件’实时运行，否则对比观测数据不能按时入库!”提示,如图 6.12 所示。

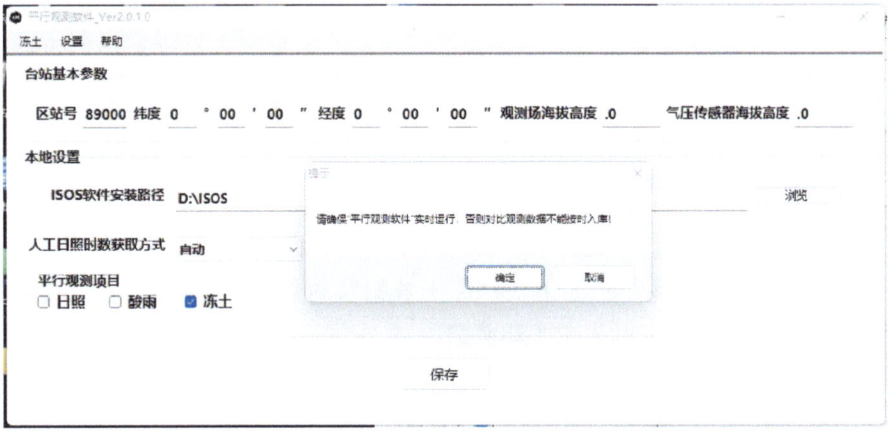

图 6.12　提示界面

点击“确定”按钮,软件关闭。按照设置的平行观测项目生成菜单,如只开展冻土平行观测,则只有冻土平行观测菜单,如图 6.13 所示。

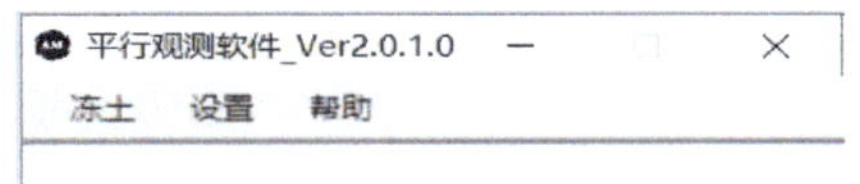

图 6.13　主界面菜单选项

(2)ISOS 软件参数同步设置

① 观测项目挂接设置

打开“参数设置”→“观测项目挂接设置”界面,勾选“/冻土”。

② 台站参数设置

打开“参数设置”→“台站参数”标签页,将“自定项目参数”中的“冻土”选项设置为“无”。

③ 自定项目参数设置

平行观测第一阶段:“参数设置”→“自定项目参数”→“选项设置”→“平行观测项目自动编发设置”中的“冻土”复选框不勾选。地面小时 BUFR 格式数据文件中的冻土观测数据以人工观测数据为准,需在“自动观测项目”→“省级自定与应急观测”界面手动录入冻土人工观测数据。

平行观测第二阶段:勾选“参数设置”→“自定项目参数”→“选项设置”→“平行观测项目自动编发设置”中的“冻土”复选框。地面小时 BUFR 格式数据文件中的冻土观测数据以自动观测数据为准。

平行观测期间:“参数设置”→“自定项目参数”→“FTP 通信参数”→“平行观测数据”中对应的“FTP 服务器地址”“用户名”“密码”,需根据省级气象局要求进行设定,“是否发送”需勾选。

6.8.3 功能介绍

(1)冻土观测数据查询功能

打开“平行观测软件”→“冻土”→“冻土数据”,调整“日期”,可查看每日的冻土自动观测数据和手动录入的人工观测数据。

(2)冻土观测数据入库功能

平行观测阶段,台站人工观测到冻土数据时,每日 20 时前需在“平行观测软件”→“冻土”→“冻土数据”→“人工观测数据”中输入当日人工观测数据。自动观测数据由平行观测软件自动调取。每日 00 时 03 分,冻土自动观测数据和人工观测数据自动写入平行观测软件数据库。

注意,平行观测软件中人工观测数据录入时间台站统一即可,但每日 20 时前必须完成录入。

(3)冻土上传数据文件自动生成功能

每月 1 日 03 时 06 分自动生成上月“冻土观测数据月整编文件”和“冻土自动观测分钟数据 zip 格式压缩文件”,并保存到“…\ISOS\bin\Awsnet\frozensoil”目录下,自动上传后保存到“…\ISOS\bin\Awsnet\YYYYMM”目录下。

(4)冻土上传数据文件补发功能

平行观测期间,自动生成的上月“冻土观测数据月整编文件”和“冻土自动观测分钟数据 zip 格式压缩文件”观测数据不全或未自动生成时,需在每月 1 日 10 时前更正编发,具体操作方法如下。

① 更正编发月整编文件

修改“平行观测软件”→“冻土”→“冻土数据”标签页日期栏的月份,点击“更正编发月整编文件”按钮,则重新生成该月“冻土观测数据月整编文件”,并以更正报格式上传。

② 更正编发 zip 格式压缩文件

修改“平行观测软件”→“冻土”→“冻土数据”标签页日期栏的月份,点击“更正编发 zip 格式压缩文件”按钮,则重新生成该月“冻土自动观测分钟数据 zip 格式压缩文件”,并以更正报格式编发。

6.8.4　软件界面示例

(1)“冻土”→“冻土数据”界面

“冻土数据”界面如图 6.14 所示。

平行观测软件_Ver2.0.1.0

冻土　设置　帮助

观测日期 2021年 1月26日　更正编发月整编文件　更正编发zip格式压缩文件

自动观测数据			人工观测数据		
冻土层次	上限	下限	冻土层次	上限	下限
第一栏			第一栏		
第二栏			第二栏		
第三栏			第三栏		
第四栏			第四栏		
第五栏			第五栏		
第六栏			第六栏		
第七栏			第七栏		
第八栏			第八栏		

保存

图 6.14　冻土数据界面

(2)“使用说明”界面

“使用说明”界面如图 6.15 所示。

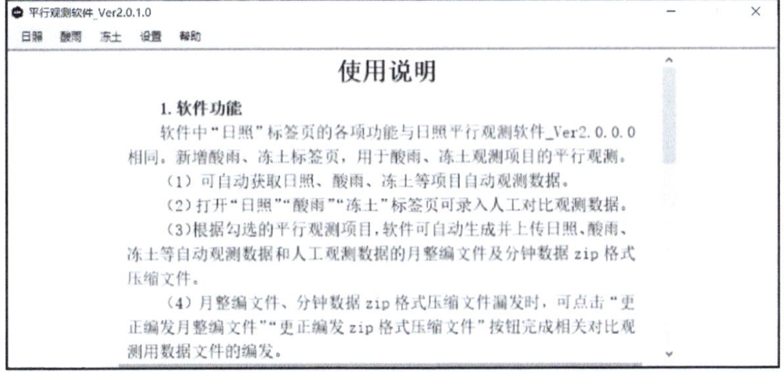

图 6.15　使用说明界面

6.9 平行观测期间注意事项

6.9.1 日常维护检查要求

(1)定期查看外套管0 cm刻度线的变化情况

每周定期检查冻土器和冻土自动观测仪的外套管0 cm刻度线是否与地面平齐，新安装的冻土自动观测仪容易发生沉降，并导致0 cm刻度线与地面不平齐，台站需加强设备巡视。

冻土器的观测数据将作为标准，与冻土自动观测数据对比。冻土器故障、0 cm刻度线不与地面平齐等，均会导致冻土人工观测数据不准确，将影响平行观测第一阶段的冻土评估，台站必须定期检查冻土器的运行情况。

(2)检查外套管周围环境

降雪时，随时注意冻土自动观测仪与冻土器周边积雪覆盖情况是否一致。如冻土器四周积雪已融化，而冻土自动观测仪四周积雪未融化，可根据实际情况，将冻土自动观测仪四周积雪清理掉，保持冻土器和冻土自动观测仪四周积雪覆盖情况一致。

注意，可在冻土器附近设置人工观测踏板，避免人工观测冻土时直接踩踏积雪带来的影响。

(3)加强冻土观测数据对比分析

不能通过第一阶段评估站点，将延长人工对比观测时间。台站业务人员需将人工冻土观测数据与冻土自动观测仪08时00分观测数据进行对比，当发现数据差异大(超过±2 cm)时，应及时核实冻土器或冻土自动观测仪是否存在安装不规范等现象。如设备故障，需及时与厂家工程师联系解决。

6.9.2 平行观测期间外套管埋设质量判断

(1)绘制冻土自动观测仪与冻土器比对曲线图

从冻土平行观测第一阶段全程“冻土月整编数据”文件中，检索出自动观测(AA)和人工观测(AM)的“第一冻土层上限”数据，绘制出折线图形式的“最大冻土深度比对曲线图”。

(2)外套管埋设合格表现

冻土自动观测仪最大深度变化趋势曲线连续、平滑，与冻土器最大深度曲线基本平行，差值基本固定，仅在融化阶段后期出现逐渐分离。该站冻土自动观测仪与冻土器地下土壤的感应条件基本一致，外套管埋设均合格，无须进行整改，如图 6.16 所示。

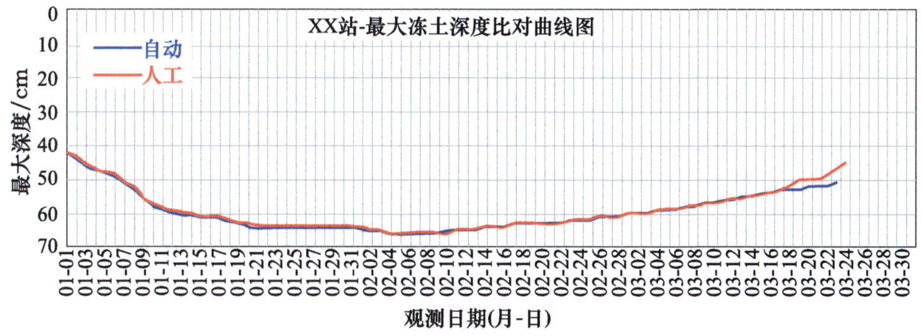

图 6.16 冻融趋势合格示例

(3)外套管埋设不合格表现

最大深度变化趋势曲线明显不平滑、不一致，或有交叉，或差值较大，表明变化大或不平滑设备的外套管埋设不合格，冻土自动观测仪与冻土器地下土壤的感应条件不一致，必须进行整改，如图 6.17 所示。

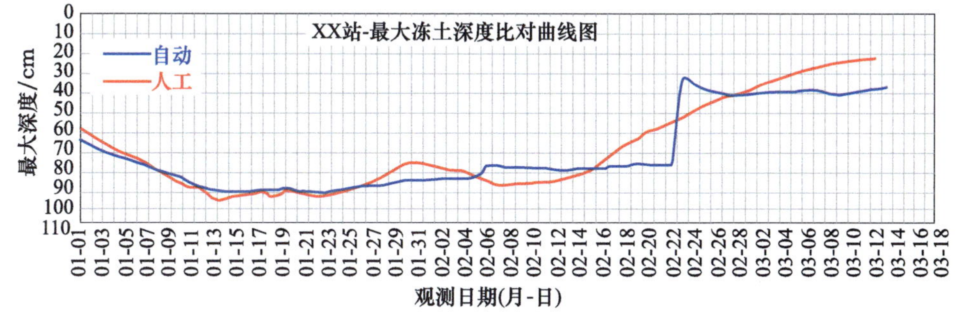

图 6.17 冻融趋势不合格示例

图 6.17 中，冻土器的最大深度曲线趋势基本平滑，冻土自动观测仪在后面时段变化趋势与冻土器差别较大。这表明，冻土自动观测仪外套管的埋设不合格，上下土壤的分布、密实程度与冻土器不一致，不能真实反映土壤的冻结深度，从而导致其与人工观测数据存在较大差异。

第 7 章　要素编码与数据格式

观测要素名称对应的变量值，是将原值乘以 10 的 n 次幂（n 为比例因子，取值大于等于 0）变为整数并以 ASCII 字符显示的数字字符串。每个观测要素值单独固定字节长度，高位不足补“0”。观测要素编码表（表 7.1）中明确了各观测要素的单位、比例因子、输出字节长度，个别观测要素给予备注，以便数据使用方更好地理解观测数据含义。

7.1　冻土类编码(AT)

每分钟冻土观测数据包括八个冻结层次的上、下限及小时内最大冻结层次的上限、下限、出现时间，要素编码见表 7.1。

表 7.1　冻土类观测要素编码表

观测要素编码	观测要素名称	单位	比例因子	字节长度/Byte	备注
ATAa	冻土自动观测第一层上限值	cm	0	3	整数
ATAc	冻土自动观测第一层下限值	cm	0	3	整数
ATBa	冻土自动观测第二层上限值	cm	0	3	整数
ATBc	冻土自动观测第二层下限值	cm	0	3	整数
ATCa	冻土自动观测第三层上限值	cm	0	3	整数
ATCc	冻土自动观测第三层下限值	cm	0	3	整数
ATDa	冻土自动观测第四层上限值	cm	0	3	整数
ATDc	冻土自动观测第四层下限值	cm	0	3	整数
ATEa	冻土自动观测第五层上限值	cm	0	3	整数
ATEc	冻土自动观测第五层下限值	cm	0	3	整数
ATFa	冻土自动观测第六层上限值	cm	0	3	整数
ATFc	冻土自动观测第六层下限值	cm	0	3	整数
ATGa	冻土自动观测第七层上限值	cm	0	3	整数
ATGc	冻土自动观测第七层下限值	cm	0	3	整数
ATHa	冻土自动观测第八层上限值	cm	0	3	整数

续表

观测要素编码	观测要素名称	单位	比例因子	字节长度/Byte	备注
ATHc	冻土自动观测第八层下限值	cm	0	3	整数
ATIa	小时冻土最大冻结深度上限值	cm	0	3	整数
ATIc	小时冻土最大冻结深度下限值	cm	0	3	整数
ATIb	小时冻土最大冻结深度出现时间	时分	0	4	4 位(hhmm)

7.2　设备状态要素编码

设备状态要素名称对应的变量值以状态码表示，可以直观指示设备工作状况，状态码含义见表 7.2。

表 7.2　状态码含义表

状态码	状态描述
0	“正常”，设备状态节点检测判断正常
1	“异常”，设备状态节点能工作，但检测值判断超出正常范围
2	“故障”，设备状态节点处于故障状态
3	“偏高”，设备状态节点检测值超出正常范围
4	“偏低”，设备状态节点检测值低于正常范围
5	“停止”，设备节点工作处于停止状态
6	“轻微”“交流”或“未开通”，设备污染判断为轻微，或设备供电为交流方式，或设备未开通
7	“一般”或“直流”，设备污染判断为一般，或设备供电为直流方式
8	“重度”或“未接外部电源”，设备污染判断为重度，或设备供电未接外部电源

设备自检状态变量为必输出项。当设备自检通过时，只输出自检状态变量，即状态变量数为 1；当设备某些属性状态不正常时，除输出自检状态变量外，还需输出所有不正常的状态变量名，详见表 7.3～表 7.8。

7.2.1　设备自检状态

设备自检状态见表 7.3。

表 7.3　设备自检状态表

变量名编码	设备状态要素名称	字节长度/Byte	取值范围
z	设备自检状态	1	0 或 1

7.2.2 传感器工作状态

传感器工作状态见表 7.4。

表 7.4 传感器工作状态表

变量名编码	设备状态要素名称	字节长度/Byte	取值范围
y_ATA150	0～150 cm 冻土传感器的工作状态	1	0、1 或 2
y_ATA300	150～300 cm 冻土传感器的工作状态	1	0、1 或 2
y_ATA450	300～450 cm 冻土传感器的工作状态	1	0、1 或 2

7.2.3 电源状态

电源状态见表 7.5。

表 7.5 电源状态表

变量名编码	设备状态要素名称	字节长度/Byte	取值范围
xB_AT150	0～150 cm 冻土传感器主板电压状态	1	0、3 或 4
xB_AT300	150～300 cm 冻土传感器主板电压状态	1	0、3 或 4
xB_AT450	300～450 cm 冻土传感器主板电压状态	1	0、3 或 4

7.2.4 工作温度类状态

工作温度类状态见表 7.6。

表 7.6 工作温度类状态表

变量名编码	设备状态要素名称	字节长度/Byte	取值范围
wA_AT150	0～150 cm 冻土传感器的主板温度状态	1	0、3 或 4
wA_AT300	150～300 cm 冻土传感器的主板温度状态	1	0、3 或 4
wA_AT450	300～450 cm 冻土传感器的主板温度状态	1	0、3 或 4

7.2.5 通信工作状态

通信工作状态见表 7.7。

表 7.7 通信工作状态表

变量名编码	设备状态要素名称	字节长度/Byte	取值范围
tC_AT	冻土传感器的 RS-232/RS-485/RS-422 状态	1	0、1 或 2

7.2.6　设备工作状态

设备工作状态见表 7.8。

表 7.8　设备工作状态表

变量名编码	设备状态要素名称	字节长度/Byte	取值范围
rI_AT	冻土传感器采集单元运行状态	1	0、1 或 2

7.3　数据帧格式

7.3.1　帧格式

0 段:起始标识。1 段:数据包头。2 段:数据主体。3 段:校验码。4 段:结束标识。

(1)一个完整数据帧分为 5 个信息段。其中,0、1、3 和 4 段数据定长,2 段数据主体包含观测要素信息、观测数据质量控制信息和状态要素信息三部分,不定长。

(2)数据帧传输采用 ASCII 字符(8 bit)。

(3)数据帧各信息段由一个或多个字段表示,字段间以英文半角字符“,”分割。

(4)字段是指由一组指定的 ASCII 字符(大小写英文字母、0～9 数字字符以及下划线字符“_”)构成的字符串,用于描述帧起始与结束标识、数据包头信息、要素变量名以及要素变量值等信息。

7.3.2　帧格式说明

(1)0 段

起始标识,固定长度,2 个字母,以“BG”表示。

(2)1 段

数据包头,固定长度,包含 8 个字段,每个字段固定长度。

① 区站号(5 位字符),保持现有台站区站号不变,在中国气象局综合观测司发布新台站号时另行更新。

② 服务类型(2 位数字),以 00 代表基准站,01 代表基本站,02 代表一般站,03 代表区域气象站,04 代表交通气象站,05 代表电力气象站,06 代表农业气象站,07 代表旅游气象站,08 代表海洋气象站,09 代表风能气象站,10 代表太阳能气象站,11 代表生态气象站,12 代表辐射气象站,13 代表便携气象站,14 代表自动气候站,15

代表便携站，16 代表气候观象台。

注意，根据业务需要，《地面气象数据对象字典》规定的服务类型需做调整时，冻土自动观测仪中的服务类型同步调整。

③ 设备标识位(4 位字母)，冻土自动观测仪设备标识符为 YSFS。

④ 设备 ID(3 位数字)，用于区分同一个区站号台站中同类设备。从 000 开始顺序编号，如某站有两个冻土自动观测仪，则 ID 顺序标号为 000、001。有多个设备时，服务数据以 ID 为 000 的设备观测为准，当 000 出现故障时，则使用 001 设备的数据。

⑤ 观测时间(14 位数字)，采用北京时，格式为年月日时分秒(YYYYMMDDHHmmSS)，如 20180206132500。

⑥ 帧标识(3 位数字)，用于区分数据类型和观测时间间隔，由 DT 两部分组成。其中，D 为 1 位数字，用于区分数据类型，0 代表实时数据，1 代表定时数据，2～9 预留；T 为 1 个十进制数值，代表观测时间间隔，00 代表秒，01～59 依次代表1～59 min 间隔，60～83 依次代表 1～24 h 间隔。如分钟实时数据用 001 表示，整点定时数据用 160 表示。

⑦观测要素变量数(3 位数字)，取值 000～999，表示观测要素数量。观测要素变量数为实际观测到的要素数。若设备的观测要素是不连续的，则不输出未探测到的观测要素。当设备故障，未探测到任何观测要素时，该类设备输出观测要素变量数为 0，并在状态信息中输出故障信息。设备或传感器故障时，对应的观测要素输出缺测，对应要素值用“/”字符填充。

⑧ 设备状态变量数(2 位数字)，取值 01～99，表示状态变量数量。

(3)2 段

数据主体，不定长，包含观测数据、观测数据质量控制和状态数据。

① 观测数据，由一系列观测要素数据对组成，数据对中观测要素变量名与变量值一一对应。观测要素变量名以及变量值的描述(数据单位、比例因子、字节长度等)在观测要素编码表中定义说明。观测要素按字母先后顺序输出。

② 观测数据质量控制，由一系列质量控制码组成，一个字符代表一个数据的质量控制码。质量控制码定义与《地面气象观测资料质量控制》(QX/T 118—2010)一致，如表 7.9 所示。

表 7.9 质控码含义表

质控码	含义
0	正确
1	可疑

续表

质控码	含义
2	错误
3	修正数据
4	修改数据
5	预留
6	预留
7	预留
8	缺测
9	未做质量控制

若有数据质量控制判断为错误，在设备终端数据输出时，其值仍给出，相应质量控制标识为“2”，但错误的数据不参加后续相关计算或统计。对于瞬时气象值，若为采集器或通信原因引起数据缺测，在设备终端数据输出时直接给出缺测，相应质量控制标识为“8”。当终端计算机业务软件将设备置为维护或停用状态时，自动上传维护日志，同时将上传数据文件对应要素置为缺测。

冻土自动观测仪设备端质量控制对象为气象要素的瞬时值，质控方法主要包括：对瞬时值极限范围检查，检查瞬时值是否在传感器的测量范围内，如果未通过检查，则该值被丢弃，不能用于进一步计算；对瞬时值变化速率检查，当前的瞬时值与前一个瞬时值作比较。如果差值大于给定的界限，则当前瞬时值被标记为不可信，不能用于进一步计算，但仍用于瞬时值变化速率检查，如表 7.10 所示。

表 7.10 “正确”的瞬时值的判断条件

气象变量	上限/cm	下限/cm	存疑的变化速率	错误的变化速率
冻土	0	450	根据本地气候变化特点确定阈值	

③ 状态数据，由一系列设备状态要素数据对组成，状态要素变量名与状态值一一对应。设备状态变量名在设备状态编码表中定义说明，第一个状态变量名必须为设备自检状态，其他状态变量输出顺序不做明确要求。状态值采用一个字符编码表示。

设备所有状态均不输出具体的数值，而是输出状态码，以更直观地指导维护保障工作。只给出设备状态码的简单含义描述，设备需根据每个状态检测数值制定状态判断依据，输出与状态符合的状态码。如果观测要素非设备观测数据，而是运算量，则不用输出状态要素。上位机软件通过设备配置文件对设备状态进行质控。

(4)3 段

校验码，定长，4 位数字。采用校验的方式，从“BG”开始，一直到校验段前，包括分隔符“,”在内，以 ASCII 码全部累加。累加值以十进制编码，高位在前，若高位溢出，则取低 4 位。

(5)4 段

结束标识，固定长度，2 个字母，以“ED”表示。

7.3.3 帧格式示例

完整数据帧格式如表 7.11 所示。

表 7.11 完整数据帧格式

<table>
<tr><td rowspan="2">起始标识</td><td colspan="8">数据包头</td></tr>
<tr><td colspan="2">区站号</td><td colspan="2">服务类型</td><td colspan="2">设备标识位</td><td colspan="2">设备 ID</td></tr>
<tr><td>BG</td><td colspan="2">6 位字符</td><td colspan="2">2 位数字</td><td colspan="2">4 位字母</td><td colspan="2">3 位数字</td></tr>
<tr><td colspan="9">数据包头</td></tr>
<tr><td colspan="2">观测时间</td><td colspan="2">帧标识</td><td colspan="2">观测要素变量数</td><td colspan="3">设备状态变量数</td></tr>
<tr><td colspan="2">14 位数字</td><td colspan="2">3 位数字</td><td colspan="2">3 位数字</td><td colspan="3">2 位数字</td></tr>
<tr><td colspan="9">数据主体</td></tr>
<tr><td colspan="5">观测数据和质量控制</td><td colspan="4">状态信息</td></tr>
<tr><td>观测要素变量名 1</td><td>观测要素变量值 1</td><td>观测要素变量名 m</td><td>观测要素变量值 m</td><td>质量控制位</td><td>状态变量名 1</td><td>状态变量值 1</td><td>状态变量名 n</td><td>状态变量值 n</td></tr>
<tr><td colspan="5">校验码</td><td colspan="4">结束标识</td></tr>
<tr><td colspan="5">4 位数字</td><td colspan="4">ED</td></tr>
</table>

7.4 输出数据示例

输出数据示例如表 7.12 所示。

表 7.12 输出数据示例

完整数据	BG,854000,00,YSFS,022,20220118000600,001,005,13,ATAa,000,ATAc,004,ATIa,000,ATIc,004,ATIb,0001,00000,z,0,y_ATA150,0,y_ATA300,-,y_ATA450,-,xB_AT150,0,xB_AT300,-,xB_AT450,-,xD_AT,0,wA_AT150,0,wA_AT300,-,wA_AT450,-,tC_AT,0,rI_AT,0,3974,ED

续表

起始标识	BG
数据包头	854000,00,YSFS,022,20220118000600,001,005,13
数据主体	ATAa,000,ATAc,004,ATIa,000,ATIc,004,ATIb,0001,00000,z,0,y_ATA150,0,y_ATA300,-,y_ATA450,-,xB_AT150,0,xB_AT300,-,xB_AT450,-,xD_AT,0,wA_AT150,0,wA_AT300,-,wA_AT450,-,tC_AT,0,rI_AT,0
校验码	3974
结束标识	ED

区站号为 54000 的基准站、设备编号为 000 的冻土自动观测仪在北京时间 2022 年 1 月 18 日 00 时 06 分观测的实时分钟数据，输出 5 个观测要素及对应的质量控制码和 13 个状态要素。

7.5 监控操作命令

7.5.1 设置或读取设备的通信参数

命令符：SETCOM。

参数：波特率、数据位、奇偶校验、停止位。

默认值波特率为 9600 bit/s，数据位为 8，奇偶校验为无，停止位为 1。

示例如下。

(1)若设备的波特率为 9600 bit/s，数据位为 8，奇偶校验为无，停止位为 1，则对设备进行设置，键入命令为：

SETCOM,9600,8,N,1↙。

返回值：<F>↙表示设置失败，<T>↙表示设置成功。

(2)若读取设备块通信参数，直接键入命令：

SETCOM↙。

正确返回值为<9 600,8,N,1>↙。

注意，波特率修改范围为：1200 bit/s，2400 bit/s，4800 bit/s，9600 bit/s，19200 bit/s，38400 bit/s，57600 bit/s，115200 bit/s，非特殊情况下无须对设备波特率进行修改。应先检查当前设置，再修改波特率。设备修改波特率后，需保存设置。

7.5.2 设备自检

命令符：AUTOCHECK。

返回的内容包括设备日期、时间，通信端口的通信参数，设备状态信息（厂家可自行定义格式），终端软件只对其进行显示，不做处理。

返回值：＜T/F，设备输出信息＞↙。

T 表示自检成功，F 表示自检失败。

7.5.3 帮助命令

命令符：HELP。

返回值：返回终端命令清单，各命令之间用半角逗号分隔。

7.5.4 设置或读取设备的区站号

命令符：QZ。

参数：设备区站号（5 位数字）。

示例如下。

（1）若所属气象观测站的区站号为 54000，则键入命令为：

QZ，854000 ↙。

返回值：＜F＞↙表示设置失败，＜T＞↙表示设置成功。

（2）若设备的区站号为 54000，直接键入命令：

QZ ↙。

正确返回值为＜854000＞↙。

7.5.5 设置或读取设备的服务类型

命令符：ST。

参数：服务类型（2 位数字）。

示例如下。

（1）若设备用于基准站，则键入命令为：

ST，00 ↙。

返回值：＜F＞↙表示设置失败，＜T＞↙表示设置成功。

（2）若设备服务类型为 00，直接键入命令：

ST ↙。

正确返回值为＜00＞↙。

注意，设备端需要对设备服务类型进行存储。

7.5.6　读取设备标识位

命令符:DI。
示例如下。
读取冻土自动观测仪标识位,直接键入命令:
DI ↙。
正确返回值为<YSFS>↙。

7.5.7　设置或读取设备 ID

命令符:ID。
参数:3 位数字。
示例如下。
(1)若为冻土自动观测仪,ID 为:000。对设备进行设置,键入命令为:
ID,000 ↙。
返回值:<F>↙表示设置失败,<T>↙表示设置成功。
(2)若为读取设备 ID 参数,直接键入命令:
ID ↙。
正确返回值为<000>↙。

7.5.8　设置或读取冻土自动观测仪的纬度

命令符:LAT。
参数:DD. MM. SS(DD 为度,MM 为分,SS 为秒)。
示例如下。
(1)若所属冻土自动观测仪的纬度为 30 °00 ′00 ″,则键入命令为:
LAT,30. 00. 00 ↙。
返回值:<F>↙表示设置失败,<T>↙表示设置成功。
(2)若数据采集器中的纬度为 40 °00 ′00 ″,直接键入命令:
LAT ↙。
正确返回值为<40. 00. 00>。

7.5.9　设置或读取冻土自动观测仪的经度

命令符:LONG。

参数:DDD. MM. SS(DDD 为度,MM 为分,SS 为秒)。

示例如下。

(1)若所属冻土自动观测仪的经度为 100 °00 ′00 ″,则键入命令为:

LONG,100. 00. 00 ↙。

返回值:<F>↙表示设置失败,<T>↙表示设置成功。

(2)若数据采集器中的经度为 100 °00 ′00 ″,直接键入命令:

LONG ↙。

正确返回值为<100. 00. 00>。

7. 5. 10 设置或读取冻土自动观测仪日期

命令符:DATE。

参数:YYYY-MM-DD(YYYY 为年,MM 为月,DD 为日)。

示例如下。

(1)若对冻土自动观测仪设置的日期为 2022 年 12 月 3 日,键入命令为:

DATE,2022-12-03 ↙。

返回值:<F>↙表示设置失败,<T>↙表示设置成功。

(2)若设备的日期为 2022 年 12 月 4 日,读取设备日期,直接键入命令:

DATE ↙。

正确返回值为<2022-12-04>↙。

7. 5. 11 设置或读取冻土自动观测仪时间

命令符:TIME。

参数:HH:mm:SS(HH 为时,mm 为分,SS 为秒)。

示例如下。

(1)若对冻土自动观测仪设置的时间为 12 时 34 分 00 秒,键入命令为:

TIME,12:34:00 ↙。

返回值:<F>↙表示设置失败,<T>↙表示设置成功。

(2)若冻土自动观测仪的时间为 12 时 35 分 00 秒,读取冻土自动观测仪时间,直接键入命令:

TIME ↙。

正确返回值为<12:35:00>↙。

7.5.12　设置或读取冻土自动观测仪日期与时间

命令符:DATETIME。

参数:YYYY-MM-DD,HH:mm:SS(YYYY 为年,MM 为月,DD 为日,HH 为时,mm 为分,SS 为秒)。

示例如下。

(1)若设置冻土自动观测仪日期和时间为 2022 年 12 月 27 日 12 时 34 分 00 秒,键入命令为:

DATETIME,2022-12-27,12:34:00↙。

返回值:<F>↙表示设置失败,<T>↙表示设置成功。

(2)若冻土自动观测仪的日期和时间为 2022 年 12 月 27 日 12 时 34 分 00 秒,读取设备日期时间,直接键入命令:

DATETIME↙。

正确返回值为<2022-12-27,12:34:00>↙。

7.5.13　设置或读取设备主动模式下的发送时间间隔

命令符:FTD。

参数:FI,mmC。FI 代表帧标识。mmC 表示时间间隔。其中,C 代表时间单位,用 H 表示小时,M 表示分钟,S 表示秒。当 C 为"H"时,mm 值在 01～24;当 C 为"M"时,mm 值在 01～59;当 C 为"S"时,mm 值在 00～59;当 mm 为 00,即 mmC 为"00S"时,表示主动模式下取消自动发送 FI 类型的数据包。设置的时间间隔不能小于帧标识中的时间间隔。

示例如下。

(1)若设置设备主动发送实时分钟数据的时间间隔为 5 min,键入命令:

FTD,001,05M↙。

返回值:<F>↙表示设置失败,<T>↙表示设置成功。

(2)若设置设备主动发送整点小时定时数据的时间间隔为 1 h,键入命令:

FTD,160,01H↙。

返回值:<F>↙表示设置失败,<T>↙表示设置成功。

不带参数时,用于查询主动模式下设备支持的所有帧数据的发送间隔。

(3)若设备具有实时分钟数据和小时定时数据两种数据包格式,但只主动发送定时数据,发送时间间隔为 1 h,键入查询命令:

FTD↙。

正确返回值为<001,00S,160,01H>↙。

7.5.14 历史数据下载

命令符:DOWN。

参数为:开始日期、开始时间、结束日期、结束时间、帧标识。下载指定时间范围内对应帧类型的观测记录数据。

开始/结束日期的格式:YYYY-MM-DD。开始结束/时间的格式:HH:mm:SS。

当帧标识为001实时分钟帧标识时,必须缺省帧标识参数。

示例如下。

(1)若获取设备中2022年11月21日20时00分00秒至2022年11月24日20时00分00秒的分钟数据,键入命令为:

DOWN,2022-11-21,20:00:00,2022-11-24,20:00:00↙。

返回值:<F>↙表示读取失败,<T>↙表示正确返回实时分钟历史数据,每条数据末尾附回车换行。

(2)若获取设备中2022年11月21日20时00分00秒至2022年11月24日20时00分00秒的整点小时定时数据,键入命令为:

DOWN,2022-11-21,20:00:00,2022-11-24,20:00:00,160↙。

返回值:<F>↙表示读取失败,<T>↙表示正确返回历史整点小时数据,每条数据末尾附回车换行。

注意,历史数据获取时间长度不超过72 h。由上位机统筹考虑下载时间和内容,优先保证实时数据传输,每次下载内容一般不超过1 h。

(3)缺测数据格式为:

BG,QZ(区站),ST(服务类型),DI(设备标识),ID(设备ID),DATETIME(时间),FI(帧标识),/////,校验码,ED↙。

7.5.15 实时读取数据

注意,该命令为从存储器中读取最近的一组数据。

命令符:READDATA。

参数:帧标识。从存储器读取最近一次的对应帧标识数据,当帧标识为001实时分钟帧标识时,必须缺省帧标识参数。

示例如下。

(1)若获取设备中2022年12月12日20时00分00秒的分钟数据,键入命令为:

READDATA↙。

返回值:<F>↙表示读取失败,<T>↙表示正确返回当前数据。

(2)若获取设备中2022年12月12日20时00分00秒对应的20时整点小时定时数据,键入命令为:

READDATA,160↙。

返回值:<F>↙表示读取失败,<T>↙表示正确返回当前整点数据。

注意,在主动方式中不响应该命令。

7.5.16　设置握手机制方式

注意,该命令为设置数据传输握手机制方式。

命令符:SETCOMWAY。

参数:1为主动发送方式,0为被动读取方式。

示例如下。

设备默认为被动读取方式。

如采用主动发送方式,则上位机发送命令“SETCOMWAY,1”,返回<T>↙表示设置成功。

如采用被动读取方式,则上位机发送命令“SETCOMWAY,0”,返回<T>↙表示设置成功。第一次连接设备时默认为被动读取方式,上位计算机不用发送“SETCOMWAY,0”命令。

键入命令为:

SETCOMWAY,1↙。

返回值:<F>↙表示设置主动发送失败,返回<T>↙表示设置主动发送成功。

键入命令为:

SETCOMWAY,0↙。

返回值:<F>↙表示设置被动读取失败,返回<T>↙表示设置被动读取成功。

7.5.17　设置或读取设备校验时间信息

命令符:MVDATE。

参数:本次校验时间、检定编号、下次校验时间。

注意,该命令在重新进行计量检定之前不允许进行设置。

示例如下。

(1)若设备的本次校验时间是 2022 年 8 月 21 日，检定号为 XXXXX，下次检定时间是 2022 年 9 月 20 日，则键入命令为：

MVDATE,20220821,XXXXX,20220920↙。

返回值：＜F＞↙表示设置失败，＜T＞↙表示设置成功。

(2)若为读取设备校验时间信息，直接键入命令：

MVDATE↙。

正确返回值为＜20220821,XXXXX,20220920＞↙。若含历史校验信息，则一并输出。

7.5.18 设置或读取质量控制参数

命令符：QCPM。

参数：要素极值下限、要素极值上限、存疑的变化速率、错误的变化速率、最小应该变化的速率。各参数按所测要素的记录单位存储。没有某参数时，用“/”或“-”表示。

示例如下。

(1)若冻土极值的下限为 450 cm，上限为 0 cm，存疑的变化速率为 5 cm，错误的变化速率为 10 cm，无最小应该变化的速率，则键入命令为：

QCPM FSD 450 0 5 10 -。

返回值：＜F＞表示设置失败，＜T＞表示设置成功。

(2)若读取冻土的质量控制参数，冻土极值的下限为 450 cm，上限为 0 cm，存疑的变化速率为 5 cm，错误的变化速率 10 cm，无最小应该变化的速率，直接键入命令：

QCPM FSD。

正确返回值为＜450 0 5 10 -＞。

主要参考书目

全国雷电灾害防御行业标准化技术委员会，2015. 气象台(站)防雷技术规范：QX 4—2015[S]. 北京：气象出版社.

全国气象基本信息标准化技术委员会，2011. 气象数据传输文件命名：QX/T 129—2011[S]. 北京：气象出版社.

全国气象基本信息标准化技术委员会，2018. 地面气象观测数据格式 BUFR 编码：QX/T 427—2018[S]. 北京：气象出版社.

中国气象局，2003. 地面气象观测规范[M]. 北京：气象出版社.

中国气象局，2020. 地面气象自动观测规范(第一版)[M]. 北京：气象出版社.

中国气象局，全国气象仪器与观测方法标准化技术委员会，2017. 地面气象观测规范 冻土：GB/T 35234—2017[S]. 北京：中国标准出版社.

中国气象局，全国气象仪器与观测方法标准化技术委员会，2017. 地面气象要素编码与数据格式：GB/T 33695—2017[S]. 北京：中国标准出版社.

中国气象局，全国气象仪器与观测方法标准化技术委员会，2017. 土壤水分观测 频域反射：GB/T 33705—2017[S]. 北京：中国标准出版社.

中国气象局气象探测中心，2020. 地面气象观测数据对象字典[M]. 北京：气象出版社.

附录A　0 cm 刻度线检查调整方法

A.1　冻土器 0 cm 刻度线的检查

冻土观测的基准点是地表面，外套管 0 cm 刻度线和内管 0 cm 刻度线均须与地表面平齐，才能确保冻土人工观测数据的真实性。如图 A.1 所示。

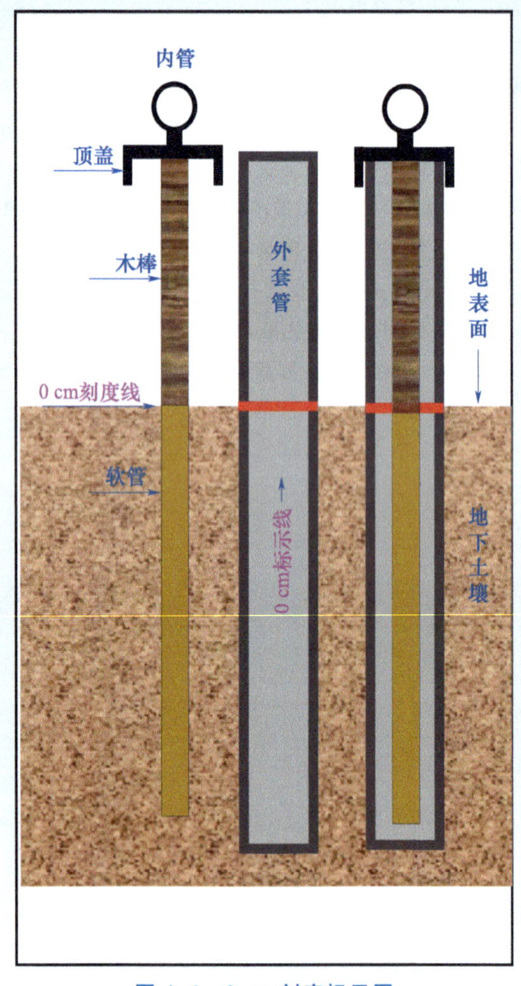

图 A.1　0 cm 刻度标示图

A.1.1　外套管 0 cm 标示线

外套管 0 cm 标示线位于冻土器外套管壁上，是指冻土器外套管顶口距地表面的高度，用直尺或卷尺检测，其数值应当与内管 0 cm 刻度线位置深度相等。

若外套管的 0 cm 标示线模糊不清，则需以内管 0 cm 刻度长度为准，在外套管外壁重新刻画清晰、醒目的标示线。

A.1.2　内管 0 cm 标示线

内管 0 cm 刻度标示线位于木棒与软管的交界处，用直尺或卷尺测量，冻土器内管木棒顶端至软管 0 cm 深度刻度线的长度数值应当与外套管顶口距地表面高度相等。

A.1.3　刻度合格冻土器的现场安装

若冻土器外套管 0 cm 标示线的高度与内管 0 cm 刻度线的长度相等，在冻土器现场安装时，只需使外套管 0 cm 标示线达到与地表面平齐即可。

A.2　冻土器 0 cm 刻度线不一致的处理方法

在冻土平行观测中，凡是冻土器外套管顶口距地表面(0 cm 标示线)的高度与内管 0 cm 刻度线位置不一致时，必须进行调整。如外套管能够直接进行提升或沉降，则只需调整外套管 0 cm 标示线高度与地表面平齐即可。

A.2.1　外套管偏低的处理方法

因外套管沉降，导致内管 0 cm 刻度线处于地表面之下的台站，可对冻土器进行“外套管加高”处理，使外套管距地表面高度达到与内管 0 cm 刻度线相等。

(1)制作加长管

选用与现用外套管材质、口径、壁厚相同的管材，依据外套管距地表面高度与内管木棒长度差，截取一段管材。

(2)安装加长管

若本站已经出现冻土层，则在 08 时观测后，自外套管中提出内管，迅速将加长管穿到内管顶端，再将带加长管的内管送入外套管。尽量减少外套管在地上环境的持续时间。

(3)确认外套管高度

用卷尺或直尺测量加长后外套管口缘距地高度是否与内管木棒长度相等。

(4)固定加长管

将原外套管与加长管外壁擦拭洁净，保持加长管与原管外壁的准直、平滑，用宽度适宜的胶带将外套管与加长管封固。

A.2.2 外套管偏高的处理方法

外套管距地高度大于内管 0 cm 刻度线长度，且不能进行外套管沉降处理的台站，可参照以下方法将冻土器外套管距地表面高度调整到与内管 0 cm 刻度线相等。

(1)外套管截短

用直尺或卷尺测量外套管内部地表面至底端的有效深度，若大于内管 0 cm 至内管极限深度 5 cm，可采取外套管短截的方法，将冻土器外套管距地表面高度降低到与内管 0 cm 刻度线平齐。

(2)内管短截

若短截后的外套管深度不足以承装内管，但其极限深度大于本站的历史冻土最大深度，则可以将内管的底部软管进行适量短截。

(3)外套管重新埋设

若外套管短截和内管短截条件都不具备，则必须对冻土器外套管进行重新埋设。

A.3 冻土器及冻土自动观测仪 0 cm 刻度线的检查示例

(1)冻土自动观测仪外观检查内容包括：冻土自动观测仪外套管 0 cm 刻度线是否与地表面平齐，偏高或偏低需进行调整，如图 A.2 所示。

(2)冻土器外观检查内容主要包括：外套管、顶盖是否完好；0 cm 刻度线的清晰度；管口距地高度是否符合要求等。

如图 A.3 所示，外套管 0 cm 刻度线标识不清，需重新测定、刻画；白色防护漆褪色、剥落，易受太阳辐射影响，需重新喷涂。

用卷尺或直尺测量外套管顶口距地表面的高度，外套管顶口距地高度需与内管 0 cm 刻度线位置一致，如图 A.4 所示。

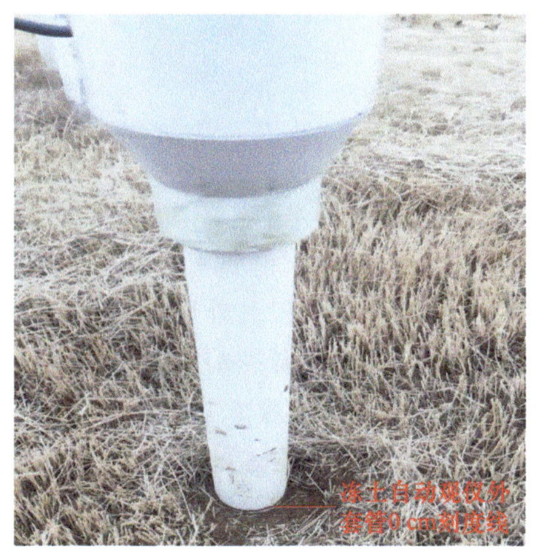

图 A.2　外套管 0 cm 刻度线检查

图 A.3　外套管检查

图 A.4　外套管高度检查

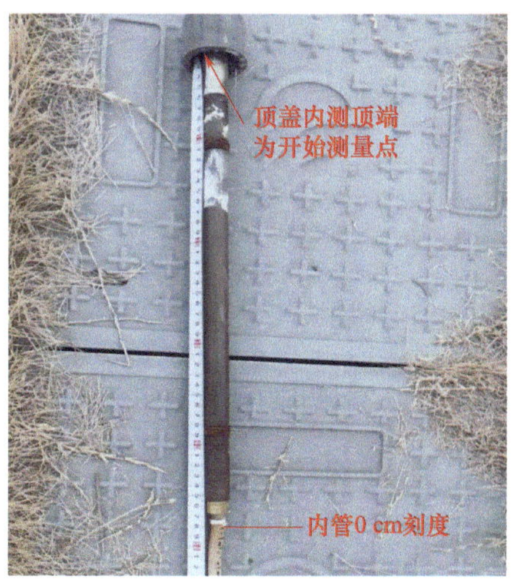

图 A.5　内管 0 cm 刻度线检查

内管 0 cm 刻度线位置是指顶盖内面与软管 0 cm 刻度线间的距离，其数值必须与外套管距地表面高度相同，如图 A.5 所示。

附录 B　冻土外套管安装方法

在冻土平行观测中，冻土器是参考标准，需要为冻土自动观测仪和冻土器创建、提供一致的土壤感应环境，为冻土观测数据评估奠定基础。在对外套管进行埋设时，确保外套管四周的土质、密度、贴附基本相同，才能实现两者感应水体与土壤纵向、横向热传导能力基本同步，感应到的土壤的冻融进程和冻结深度基本一致。

冻土自动观测仪外套管的埋设方法与冻土器完全相同，建议采取钻孔法进行埋设安装。

B.1　基本要求

B.1.1　孔洞直径

地下土质较好站点的钻孔口径可大于外套管口径 2～3 cm，砂石质地站点的钻孔口径可大于外套管口径 4～5 cm，以便留有足够、顺畅地回填土填充空隙。

B.1.2　回填土质

外套管四周的回填土应尽量选用钻掘出的原土，也可在观测场附近取土，并对土壤进行筛选，筛除石块等杂质，保留细土，粉碎大颗粒，形成粉末或微小颗粒，以利于回填时能够顺畅填充到钻孔底部。

B.1.3　土壤夯实

土壤回填的过程中，应将四周回填的土壤逐层夯实，使得外套管壁与四周土壤达到均匀、紧密接触。必要时可在逐层回填土中缓慢注水，以达到理想的沉降、密实效果。

B.2　工具准备

B.2.1　取土钻

口径 60～80 mm 的土钻或洛阳铲，长度 100 cm 或 200 cm。

B.2.2　振捣棒

直径 10～15 mm 的金属、木质或塑料等硬质棒材。

B. 2. 3　土壤网筛

孔径 2～3 mm(10～7 目)的网筛。

B. 3　施工步骤

B. 3. 1　取出外套管

在冻土观测现场,将冻土设备从外套管中取出,再将外套管从土壤中拔出,注意操作力度,切勿将外套管损坏。将套管顶部管口临时封堵,放置在场地备用。

如若外套管提取不出来,可在附近另行钻孔。

B. 3. 2　清理场地

清理、平整场地,使地表面与冻土器 0 cm 刻度线平齐。在钻孔穴位设立地表面高度标志桩。

B. 3. 3　钻孔

用取土钻把地下孔洞扩大到直径 60～80 mm,保持孔洞的准直,深度略大于冻土自动观测仪感应器长度。

B. 3. 4　筛滤土壤

将钻取土壤中的大颗粒粉碎,筛除渣石等杂物备用。若从洞穴中筛取的土壤不够用,可就近取土补充。

B. 3. 5　放置外套管

将冻土设备外套管放入钻好的孔洞中,保持居中、准直。

B. 3. 6　回填土

将筛除渣石的干细土壤缓缓灌入外套管四周空隙,每次灌入厚度 5～10 cm。用振捣棒夯实,确保不留空隙,直至与地表面平齐。

B.3.7　垂直度检查

每灌入一层土，都要检查、调整外套管的垂直程度和 0 cm 刻度线与地表面高度标志桩的平齐程度。

B.3.8　组装设备

清理、平整场地，将冻土设备安放到外套管中。

B.4　外套管埋设质量判断

经过一个冻融周期的平行观测后，通过冻土自动观测仪与冻土器最大深度变化趋势曲线图，可进一步了解冻土自动观测仪外套管埋设质量。

B.4.1　绘制冻土自动观测仪与冻土器比对曲线图

从冻土平行观测第一阶段全程“冻土月整编数据”文件中，检索出自动观测数据段(AA)和人工观测数据段(AM)的逐日最大冻土深度(第一冻土层上限)数据，绘制冻土最大深度比对曲线图。

B.4.2　外套管埋设合格示例

无论是冻土器还是冻土自动观测仪，最大冻土深度变化趋势都应当是连续、平滑的曲线。

由本书图 6.16 可以看出，冻土自动观测仪与冻土器最大深度曲线基本平行(重合)，差值固定，仅融化阶段后期出现短暂偏差，反映出感应条件基本一致，外套管埋设合格。

B.4.3　外套管埋设不合格示例

本书图 6.17 显示，冻土器的最大深度变化曲线趋势基本平滑，冻土自动观测仪在后面时段变化趋势与冻土器差别较大。初步判定，冻土自动观测仪外套管的埋设不合格，上下土壤的分布、密实程度与冻土器不一致，不能真实反映土壤的冻结深度，导致其与人工观测数据存在较大差异。

冻土自动观测仪与冻土器最大深度变化趋势曲线明显不平滑、不一致，或有交叉，或差值较大，多为设备的外套管埋设不合格，土壤的感应条件不一致，建议进行检查调整。

附录C　冻土观测设备的检查维护方法

安装冻土自动观测仪的台站，应定期进行观测设备的综合巡检维护。

C.1　入冬前的检查维护

C.1.1　检查时机

选择在本站冻土初日 30 d 前的晴好天气进行设备检查维护。

C.1.2　场地检查

冻土器与冻土自动观测仪共用场地无论是否有植物覆盖，土地表面均须平整、平齐。

有植物覆盖的场地，要将干枯草丛进行适当的清理和修剪，保留草根和低于 3 cm的枝叶，达到冻土器与冻土自动观测仪所处场地的植被品种、高度一致，避免未来的积雪被风吹走，使得冻土自动观测仪与冻土器四周浅积雪覆盖量和厚度能够趋于一致。

冻土器北侧须设置踏台或踏板，踏台或踏板可由木制或 PVC 材料制作，以免破坏冻土器下垫面的自然热传导。踏板与外套管的距离须大于 20 cm，否则需要进行移位。

C.1.3　0 cm 刻度线检查

如冻土自动观测仪安装时间较短，土壤较松弛，容易产生沉降，可能导致 0 cm 刻度线偏低。

查看、测量冻土器和冻土自动观测仪外套管 0 cm 刻度线是否都与地表面平齐，如出现土壤沉降等现象时，应及时调整。

若冻土器或冻土自动观测仪外套管 0 cm 刻度线与地表面不平齐，且外套管比较松动，可以小心地将外套管进行提升或压降，使 0 cm 刻度线与地表面平齐，并将外套管四周土壤夯实加固，以防止其继续发生变化。若冻土器外套管不能上下移动，则按照“0 cm 刻度线检查调整方法(附录 A)”进行调整。

C.1.4 冻土器内管检查

查看顶盖内密封毡垫，应当完整、平整、蓬松，否则影响密封，需进行整理或更换。

内管材质应柔韧、平直，如过度硬化或出现弯曲，需更换内管。

查看内管厘米刻度线，应当完整、清晰，否则需重新描画或更换内管。

注水前，通过摸测检查管内链条的完好性和理顺性，如有断裂或纠缠，则取下内管进行处理或整体更换内管。

检查内管顶端、底端绑缚线的结实和紧实程度，不可靠则重新捆绑，以防止观测中途漏水。

新更换的内管，在注水后须仔细查看外套管壁是否有孔洞缺欠造成的水分渗漏。

C.1.5 外套管检查

冻土器和冻土自动观测仪的外套管与土壤接触应当牢靠、紧密，如能够晃动或与四周土壤间有缝隙，需用细颗粒填充、夯实。

取出冻土器内管或冻土传感器，用长度足够的棍棒牢靠绑缚吸水物，探查外套管内是否有积水或杂物，有则清除。

在内管提取、回放过程中，注意体会是否有卡住现象，若有则检查原因，予以排除。

C.1.6 内管注水操作

冻土器内管和电阻式冻土自动观测仪传感器内管，在使用前必须将原有水泄放干净，用新水反复灌洗 3 遍以上，再将新水灌至规定高度。两者灌注的水必须同期、同质，灌注时避免水柱中余留气泡。

C.1.7 雷电防护检测

对冻土自动观测仪合成电箱的防雷部件进行全面检查，并检测机箱接地电阻，达不到标准必须重新处理。

C.1.8 冻土自动观测仪检查

闭合冻土电源箱的电源，查看数据采集系统的指示灯状态，如异常，更换已现场校准的冻土自动观测仪。

在室内终端机界面查看、确认冻土自动观测仪分钟数据的完整性和观测数据的正确性。

C.2　冻土期的检查维护

C.2.1　外场检查维护

(1)在冻土场地没有积雪的日子里，要每周检查一次冻土器和冻土自动观测仪外套管 0 cm 刻度线是否都与地表面平齐。

如因沉降出现 0 cm 刻度线与地面不平齐，应当及时调整。

(2)在冻土观测场地有积雪的日子里，进行观测、检查、维护等操作时，尽量不要踩踏、破坏场地积雪的自然状态。

如发现冻土器与冻土自动观测仪四周积雪较浅，且覆盖面积不一致，可将两地都清理为面积相等的裸露地面。

C.2.2　冻土自动观测仪运行状态检查

每日 08 时，通过现场数据采集系统的指示灯和 ISOS 系统界面，查看冻土自动观测仪的运行状态和观测数据质量。

C.2.3　观测数据完整性检查

通过 ISOS 软件的“查询与处理”→“数据查询”→“分钟数据查询”功能，在“冻土要素每日逐分钟数据表”界面查看日每分钟数据的完整性，若时间“时、分(北京时)”显示为横线，则表示该分钟未观测，应对设备的运行、传输环节进行检查，排除故障，如图 C.1 所示。

C.2.4　数据质量检查

每日 20 时前，检查人工观测与自动观测数据的一致性、合理性。

自动观测数据的总体变化趋势应当连续、平滑，发现与人工观测数据有明显异常或差异时，应当立即对外场观测设备进行检查。

C.2.5　故障处理

当发现自动观测系统数据采集器故障时，可只对数据采集器进行更换。若判定是感应器故障，不可直接更换，必须对待用感应器灌注自来水后，在现场进行露天静置的预冻结处理，使感应器冻结深度与人工冻土深度相接近，才可以插入冻土自动观测仪外套管中。

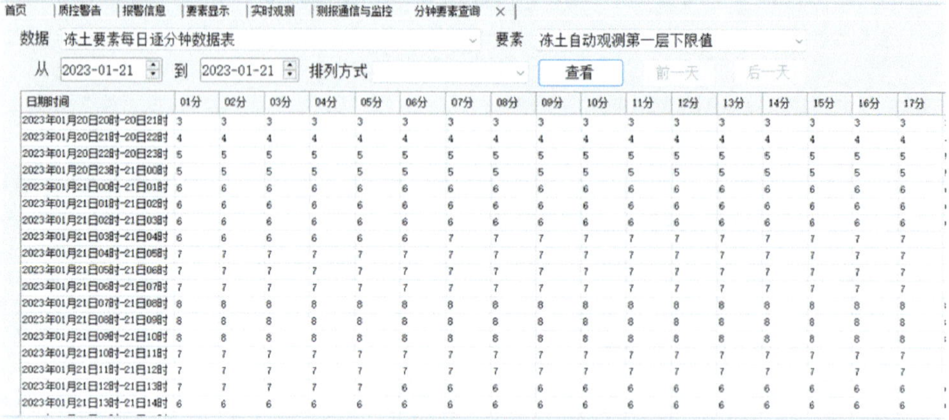

首页 | 质控警告 | 报警信息 | 要素显示 | 实时观测 | 测报通信与监控 | 分钟要素查询

数据 冻土要素每日逐分钟数据表 要素 冻土自动观测第一层下限值

从 2023-01-21 到 2023-01-21 排列方式 查看 前一天 后一天

日期时间	01分	02分	03分	04分	05分	06分	07分	08分	09分	10分	11分	12分	13分	14分	15分	16分	17分
2023年01月20日20时-20日21时	3	3	3	3	3	3	3	3	3	3	3	3	3	3	3	3	3
2023年01月20日21时-20日22时	4	4	4	4	4	4	4	4	4	4	4	4	4	4	4	4	4
2023年01月20日22时-20日23时	5	5	5	5	5	5	5	5	5	5	5	5	5	5	5	5	5
2023年01月20日23时-21日00时	5	5	5	5	5	5	5	5	5	5	5	5	5	5	5	5	5
2023年01月21日00时-21日01时	6	6	6	6	6	6	6	6	6	6	6	6	6	6	6	6	6
2023年01月21日01时-21日02时	6	6	6	6	6	6	6	6	6	6	6	6	6	6	6	6	6
2023年01月21日02时-21日03时	6	6	6	6	6	6	6	6	6	6	6	6	6	6	6	6	6
2023年01月21日03时-21日04时	6	6	6	6	6	6	7	7	7	7	7	7	7	7	7	7	7
2023年01月21日04时-21日05时	7	7	7	7	7	7	7	7	7	7	7	7	7	7	7	7	7
2023年01月21日05时-21日06时	7	7	7	7	7	7	7	7	7	7	7	7	7	7	7	7	7
2023年01月21日06时-21日07时	7	7	7	7	7	7	7	7	7	7	7	7	7	7	7	7	7
2023年01月21日07时-21日08时	8	8	8	8	8	8	8	8	8	8	8	8	8	8	8	8	8
2023年01月21日08时-21日09时	8	8	8	8	8	8	8	8	8	8	8	8	8	8	8	8	8
2023年01月21日09时-21日10时	8	8	8	8	8	8	8	8	8	8	8	8	8	8	8	8	8
2023年01月21日10时-21日11时	7	7	7	7	7	7	7	7	7	7	7	7	7	7	7	7	7
2023年01月21日11时-21日12时	7	7	7	7	7	7	7	7	7	7	7	7	7	7	7	7	7
2023年01月21日12时-21日13时	7	7	7	7	7	6	6	6	6	6	6	6	6	6	6	6	6
2023年01月21日13时-21日14时	6	6	6	6	6	6	6	6	6	6	6	6	6	6	6	6	6

图 C.1 冻土要素每日逐分钟数据表

C.3 建档备案

在冻土平行观测过程中，对发现的场地状况问题、观测设备故障现象、数据传输和观测数据异常等情况及相应的处理措施，必须建立台站冻土平行观测专项档案，完整、如实地记载备案，以供数据对比分析、评定。